KB272440

별자리 여행자들을 위한 천문학 가이드북

아빠와 함께 보는
밤하늘 교과서

별자리 여행자들을 위한 천문학 가이드북

아빠와 함께 보는
밤하늘 교과서

초판 1쇄 발행 2026년 03월 31일

지은이   이광식

펴낸이   김종년
펴낸곳   예술과마을
등록   2014년 3월 25일(제2014-000006호)
주소   38145 경상북도 경주시 북성로 80-11(동부동) 헤렌하우스 103호
전화   010-8030-6919
이메일   eulinjae@naver.com
제작   명지북프린팅
정가   18,000원

ISBN   979-11-91786-17-0 (43440)

아빠와 함께 보는 밤하늘 교과서

이광식 지음

예술과마을

재미있고 신비한 밤하늘 여행

아들아, 세상에 대해 궁금한 것이 많은
너는 밤새 물어라.
저 별들이 아름다운 대답이 되어줄 것이다.
— 이준관의 시 〈여름밤〉 중에서

요즘 들어 우주와 별에 대해 관심을 보이는 사람들이 많아지고 있다고 합니다. 가족, 친구들과 함께 작은 망원경이나 쌍안경을 들고 별자리와 성운, 은하 등을 관측하면서 별밤을 같이 보내는 것을 생각만 해도 참으로 신나는 일이 아닐 수 없습니다. 하지만 보다 즐겁고 보람 있는 별밤을 보내고 싶다면, 우주와 별자리 등에 대해 약간의 지식은 꼭 필요하답니다. '아는 만큼 보인다'는 말은 밤하늘에서도 통하는 진리랍니다.

저는 이 책을 쓰면서 단순한 천체관측 책이 아니라, 우리가 살고 있는 우주로 여러분을 안내하는 길라잡이가 되어주는 그런 책을 써야지 하는 마음이었습니다. 우주란 과연 어떻게 생겨난 것인가, 그 우주 속의 조그마한 별인 지구에서 살고 있는 우리는 과연 어떤 존재인가를 다시 생각게 해주는 그런 책이 되었으면 하는 바람인 거죠.

세상살이가 힘들고 복잡해질수록 마음의 여유를 잃기 쉽습니다. ‘아프리카의 성자’라고 일컬어지는 슈바이처 박사는 “우리가 매일 저녁 단 한 번이라도 별을 보며 명상한다면 이 세상은 한결 아름다워질 것이다”라고 말했습니다.

우리가 사는 우주에는 우리은하 같은 것이 2조 개 이상이나 된다고 합니다. 지름이 10만 광년이나 되는 우리은하도 온 우주 속에 놓고 보면 한 개 조약돌에 지나지 않는 거죠. 얼마나 넓은 우주인지, 여러분은 상상이나 할 수 있겠습니까?

하지만 우리는 행복한 사람들이라 할 수 있어요. 이 드넓은 우주에 비한다면 너무나 작은 존재이지만, 그래도 우리는 사람이기 때문에 그 우주를 보고 사색하며, 그 신비와 아름다움을 느끼고 맛볼 수 있기 때문이죠. 그래서 사람은 우주 속의 기적이라고들 하죠. 여러분 각자도 그런 기적 중의 하나랍니다.

이 책, 《아빠와 함께 보는 밤하늘 교과서》로 별과 은하들을 관측하면서 이 드넓은 우주와 신비한 별들의 얘기에 귀를 기울임으로써, 우리가 지금 살고 있는 이 우주가 얼마나 신비로운 곳이며, 우리 인생이 얼마나 귀중한 것인가를 스스로가 깨달아 가기를 바랍니다. 아울러 사랑 없이는 이 우주에서 살아가기가 어렵다는 사실도.

2026년 봄 강화도 퇴모산에서
이광식

차 례

Chapter 1 밤하늘로 올라가는 길

Chapter 2 달, 달, 무슨 달

Chapter 3　정말로 예쁜 우리 동네 행성들

Chapter 4 우리 모두의 고향인 별

아이들에게 '우주'를 보여주자

▌행복지수가 바닥인 우리 아이들을 위하여

얼마 전 내가 사는 강화도의 한 고등학교에서 학생들을 상대로 우주특강을 가졌습니다. 수강생들 나이가 17, 8살 정도니, 이른바 디지털 원주민인 밀레니얼 세대인 셈입니다.

나의 우주특강을 듣는 저 아이들도 머지않아 사회에 진출하겠지요. 그런데 그 사회가 보통 사회는 아닙니다. 우리나라의 자살률이 OECD(경제협력개발기구) 회원국 중 가장 높은 것으로 나타났습니다. 그리고 우리 청소년들의 행복지수는 세계에서 거의 꼴찌입니다.

물론 이러한 현상에는 사회-경제적으로 여러 이유들이 있겠지만, 문제는 이에 대해 별 뾰족한 대책이 없다는 것이겠지요.

사정이 대략 이러하므로 강의에서 아이들에게 전하고자 하는 메시지는 아주 간명합니다. 이런 때일수록 마음의 여유를 갖고 조금만 더 시야를 넓혀 우주를 바라보며 사색하고 또 자신을 돌아다보라는 거지요.

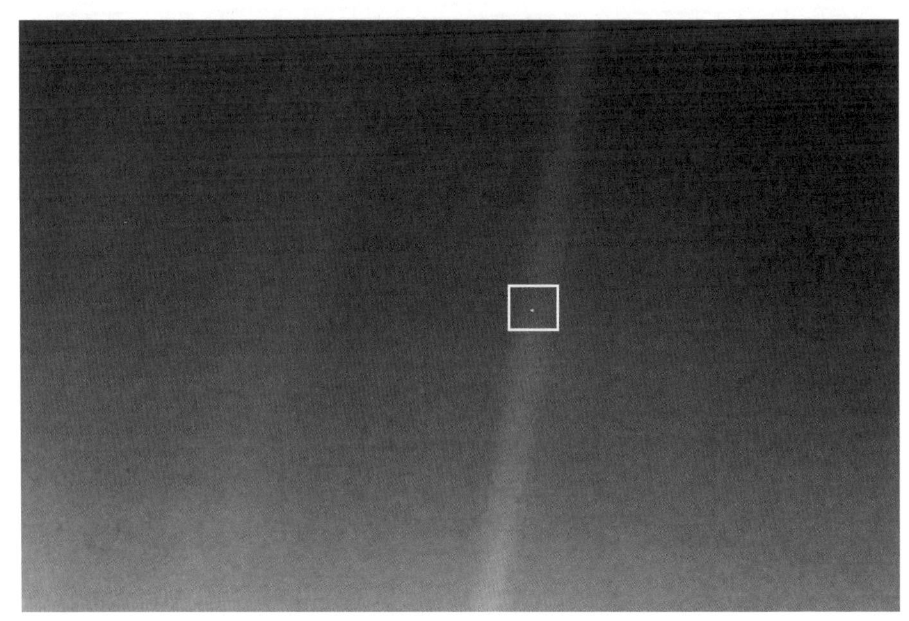

창백한 푸른 점. 지구-태양 간 거리의 약 40배인 60억km 거리 해왕성 궤도 부근에서 찍었다.
더 자세한 내용을 알고 싶으면 유튜브에서 '창백한 푸른 점'을 쳐보면 된다.

| 우주 속의 '티끌' 한 점

47년 전 지구를 떠난 보이저 1호가 지구로부터 60억km 떨어진 해왕성 궤도 부근을 지날 때 NASA(미국항공우주국)가 보낸 명령 하나를 받았습니다. 카메라를 지구 쪽으로 돌려 지구의 사진을 찍어 보내라는 거였지요.

그때 보이저 1호가 찍은 지구의 모습을 보면, 지구는 그야말로 광막한 허공중에 떠 있는 한 점 티끌이었어요. NASA에서 사진에 네모 표시를 하지 않았다면 지구인지도 모를 정도의 작디작은 점 하나였습니다.

영국 그리니치 천문대가 뽑은 '올해의 천문사진' 수상작 〈젊은 별밤지기들〉.
이 사진을 찍은 제시카 케이터슨(15살)이 맨 오른쪽에 앉아 있다. 영국 웨일스의 가워 반도의 별밤이다.

이 지구 사진을 찍어보자는 아이디어를 낸 천문학자 칼 세이건은 그것에 '창백한 푸른 점(Pale Blue Dot)'이라는 이름을 붙였지요. 그 작은 티끌 하나 위에서 80억 우리 인류는 오늘도 아웅다웅하며 살아가고 있습니다.

지금껏 찍은 수많은 천체사진 중 가장 철학적인 사진으로 꼽히는 이 '창백한 푸른 점'을 보면 인류가 우주 속에서 얼마나 외로운 존재인가를 새삼 느끼게 됩니다. 나아가 우리가 사는 이 지구가, 그리고 인간이 우주 속에서 얼마나 연약한 존재인가를 깊이 느끼게 됩니다. 우주로 나가 지구와 인간을 돌아보고 받는 이 같은 충격을 '조망효과(Overview Effect)'라 합니다.

| 힘들 때는 '우주'를 생각하자

이 같은 우주 조망효과를 최대한 보여주면서 나의 우주특강은 대략 다음과 같은 당부로 마무리됩니다.

아이들아, 아무리 어렵더라도 부디 쫄지 말고 한 세상 즐겁게 살아가거라. 하찮은 일들에 마음 상하지 말고, 어려울 때는 우주를 생각하면 좋다. 우리는 별들이 만든 원소들, 곧 별먼지로 이루어진 존재들이다. 초신성이 삶의 마지막 순간에 대폭발로 제 몸을 아낌없이 우주로 뿌리지 않았다면 지구도, 인간도, 새들도, 나무도 지금 존재하지 않았을 것이다.

밤하늘의 저 별들이 우리의 고향이요, 우리는 '메이드 인 스타'다. 미국 천문학자 할로 섀플리의 말처럼 "우리는 뒹구는 돌들의 형제요, 떠도는 구름의 사촌이다." 이처럼 놀랍고도 희한한 우주에서 우리가 살아가고 있는데, 나라는 존재 자체가 바로 우주와 맞먹는 기적인데, 하찮은 일들로 한 번뿐인 인생을 우중충하게 살아서야 되겠는가.

어느 철학자는 '경이(驚異)가 없는 삶은 살 가치가 없다'라고 말했다. 우주는 경이와 신비 그 자체이며, 때로는 경이를 넘어 감동이다. 138억 년 우주의 사랑이 우리를 태어나고 살게 한 거니까. 가끔 힘들 때는 지구가 지금 이 순간에도 태양 둘레를 초속 30km로 날아가고, 우리 태양계가 은하 가장자리를 초속 200km로 내달리고, 이 순간에도 우주는 빛의 속도로 팽창하고 있다는 걸 생각해라. 그러면 우리가 각기 지고 있는 삶의 무게도 한결 가벼워짐을 느낄 것이다.

별을 보고 우주를 생각하는 그런 삶을 살다 보면 보다 넓은 시각으로 세상과 인생을 보게 되고, 보다 균형 잡힌 삶을 살 수 있게 됩니다. '우주를 읽으면 인생이 달라진다'—이것이 내가 아이들에게 하고 싶은 말의 속고갱이입니다. 내 책을 읽은 어느 독자가 다음과 같은 댓글을 달았습니다.

"우주는 참으로 위대하다. 자살하지 마라. 누가 잘살고 잘나고 다 필요없다. 무의미하다. 오늘 살아 있는 것에 감사하라."

Chapter 1

밤하늘로 올라가는 길

빛은 낮을 축복하고,
어둠은 밤을 성스럽게 한다.
이 얼마나 아름다운 세상인가!

― 루이 암스트롱 (미국의 재즈 음악가)

01. 왜 밤하늘은 어두울까요?

"밤하늘은 왜 어두울까?"

참 뚱딴지같은 질문이죠? 밤에는 해가 없으니까 어두워지는 게 당연하다고 우리는 생각하죠. 얼핏 보면 이런 싱거운 문제 하나를 가지고 천문학자들은 몇 세기 동안이나 골머리를 싸맸답니다. 사실 이건 간단한 문제가 아니라 보기보다 심오한 의미를 갖고 있기 때문이랍니다.

"왜 밤하늘은 어두울까? 우주는 왜 캄캄할까?"

왜냐하면, 우주는 무한히 크기 때문에 모든 방향으로 별들이 빽빽이 있을 것이고, 따라서 어느 방향을 보더라도 우리 시선은 별에 가 닿겠죠. 따라서 모든 하늘은 별빛으로 밝아야 하는 거죠. 그런데 왜 밤하늘은 밝지 않고 이렇게 어두운 걸까요? 이건 분명 역설이죠.

이 문제를 독일 천문학자 하인리히 올베르스(1758-1840)가 제기했다고 해서 '올베르스의 역설'이라고 부르죠. 소행성 발견자인 올베르스는 '어두운 밤하늘의 역설'이라고도 하는 이 역설로 더 유명해졌답니다. 그런데 이 문제에 처음으로 가장 과학적인 답안을 내놓은 사람은 천문학자가 아니라 소설가였어요. 유명한 단편소설 〈검은 고양이〉를 쓴 미국의 작가이자 아마추어 천문가인 에드거 앨런 포(1809-1849)였답니다.

　포는 천체관측을 한 것에 대해 쓴 산문 시 〈유레카〉(1848)에서 "광활한 우주공간에 별이 존재할 수 없는 공간이 따로 있을 수 없으므로, 우주공간의 대부분이 비어 있는 것처럼 보이는 것은 천체로부터 방출된 빛이 미처 우리에게 도달하지 않았기 때문이다"고 주장했어요. 그는 또, "이 아이디어는 너무나 아름다워서 진실이 아닐 수 없다"고 다짐까지 했답니다. 예술가다운 직관이라 하지 않을 수 없죠.

밤하늘이 어두운 이유를 가장 먼저 알아낸 미국 작가 에드거 앨런 포.

　포의 말마따나 밤하늘이 어두운 이유는 빛의 속도가 유한하고, 대부분의 별이나 은하의 빛이 아직 지구에 도달하지 않았기 때문입니다. 그것은 또 별빛이 우리에게 도달하기에는 우주가 태어난 지 충분히 오래 되지 않았기 때문이기도 하죠.

　그러나 포가 미처 몰랐던 중요한 사실이 하나 더 있답니다. 그것은 우주가 지금 이 시간에도 계속 빛의 속도로 팽창하고 있다는 사실이죠. 이 우주 팽창에 의해 우리 눈으로 볼 수 없는 파장대로 빛이 변형되어 '가시광선'의 범위를 벗어남에 따라 밤하늘은 여전히 어두운 거랍니다.

　우리가 지구 행성에서 올려다보는 밤하늘이 어두운 이유는 우주가 유한하며 팽창하는 중이라는 빅뱅 이론을 지지하는 증거인 셈이죠.

02. 계절에 따라 밤의 길이가 달라지는 이유는 뭘까요?

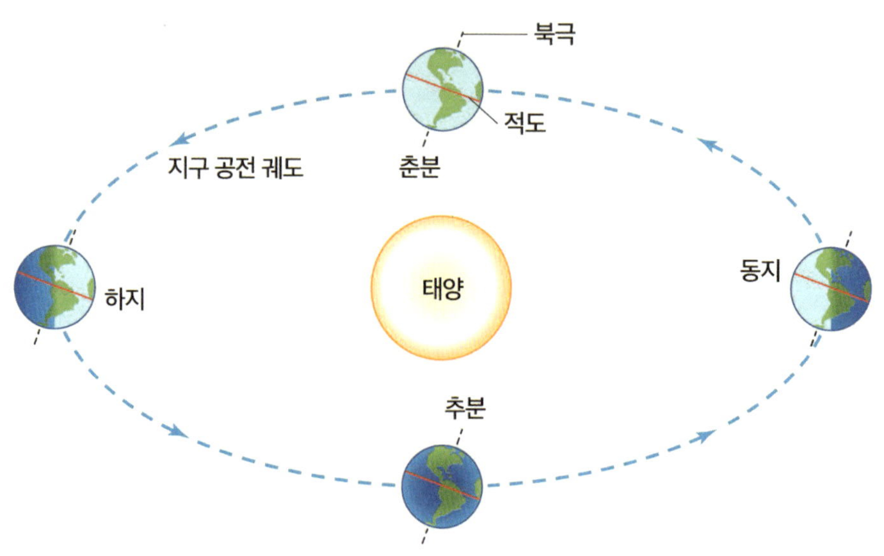

지구 자전축이 기울어져 햇빛 받는 각도가 달라져 계절이 변한다. © Wikipedia

여름에는 밤이 짧고 겨울에는 밤이 깁니다. 해돋이, 해넘이 시간으로 밤의 길이를 재보면, 밤이 가장 짧은 하짓날의 밤은 9시간 남짓이지만, 밤이 가장 긴 동짓날 밤은 14시간이 넘습니다.

이런 일은 왜 일어나는 걸까요?

40만km 떨어진 심우주에서 본 지구와 달. 1998년 1월 26일 니어 우주선이 촬영. ⓒ NASA

정답은 지구의 자전축이 약간 기울어져 있기 때문이랍니다. 자세히 설명하자면, 지구는 자전축을 중심으로 하루에 한 번 자전을 합니다. 자전축은 지구의 남극과 북극을 잇는 선이라 생각하면 됩니다. 지구는 이 선을 중심으로 팽이처럼 뱅글뱅글 돌면서 태양 둘레를 1년에 한 번 공전합니다.

그런데 이 자전축이 공전 면에 대해 똑바로 서 있지 않고 약간 삐뚜름하게 서 있는 거죠. 이걸 자전축 기울기라 하는데, 약 23.5도 기울어져 있어요. 이런 자세로 태양 둘레를 돌다 보니 어떨 때는 북반구가 햇빛을 많이 받고, 또 어떨 때는 남반구가 햇빛을 많이 받게 되는 거죠. 그래서 계절이 생기고 낮과 밤의 길이가 달라지게 되는 거랍니다.

　그래서 지구의 온대지방에 자리잡은 우리나라는 1년 중에 봄, 여름, 가을, 겨울 4계절이 있는 거죠. 이처럼 우리나라는 지구에서도 봄, 여름에는 꽃이 피고, 가을에는 단풍 들고, 겨울에는 눈이 내리는 아주 살기 좋은 위치에 있답니다.

　그리고 또 중요한 점 하나ㅡ. 계절이 변하고 밤과 낮의 길이가 달라지기 때문에 밤하늘의 풍경도 달라집니다. 여름철의 별자리와 겨울철의 별자리가 같지 않은 것도 그런 때문이죠. 그래서 우리는 계절마다 달라지는 별자리를 볼 수 있답니다.

03. 하늘에는 세 가지 '박명'이 있어요

박명(薄明)이란 '흐릿한 밝음'이라는 뜻입니다. 곧, 해돋이 전이나 해넘이 후에 태양빛이 남아 있는 상태를 말해요. 여기서 해돋이, 해넘이라고는 하지만, 사실 이는 지구의 자전으로 생기는 현상이죠.

지구는 1시간에 15도씩 자전합니다. 자전이 진행되면서, 서서히 태양이 떠오르는 것처럼 보여 그 윗부분이 수평선에 접하는 순간부터 해가 차츰 보이는 것을 해돋이 또는 일출이라 하고, 반대로 태양이 지는 것을 해넘이 또는 일몰이라 하죠.

태양이 수평선 위로 완전히 떠오르거나 아래로 완전히 진 후에도 태양빛이 지구의 상층 대기에 반사, 산란되어 하늘과 지표는 약간 밝은데, 이런 옅은 밝음을 박명이라 한답니다.

이런 흐릿한 밝음을 그 밝기의 정도에 따라 세 가지로 나누는데, 시민박명, 항해박명, 천문박명을 일컫습니다.

세 가지 박명은 태양의 고도에 따라 정의하는데, 태양이 지평선 아래 0~6도까지를 시민박명, 6~12도를 항해박명, 12~18도를 천문박명으로 나눈

강화도의 항해박명. 개밥바라기와 초승달이 이처럼 뚜렷이 보이면 항해박명이다. ⓒ 이광식

답니다.

지속 시간은 위도와 계절에 따라 다르며, 극지방에서는 몇 시간 또는 하루 종일 지속되기도 한다. 일반적으로 저위도 지방에서는 박명의 시간이 짧고, 고위도 지방일수록 길어요.

시민박명은 적도 부근에서는 25분 정도, 북위 50도에서는 약 40분 지속되죠. 고위도 지방에서는 한여름에 태양이 지평선 아래로 충분히 낮아지지 않는 경우가 있답니다. 그렇게 되면 밤새도록 박명상태가 계속되는데, 이것을 백야(白夜)라 하며, 북위 50도 이북 지역에서 볼 수 있죠.

시민박명은 태양의 중심점이 지평선 밑으로 6도가 될 때까지는 밖에서

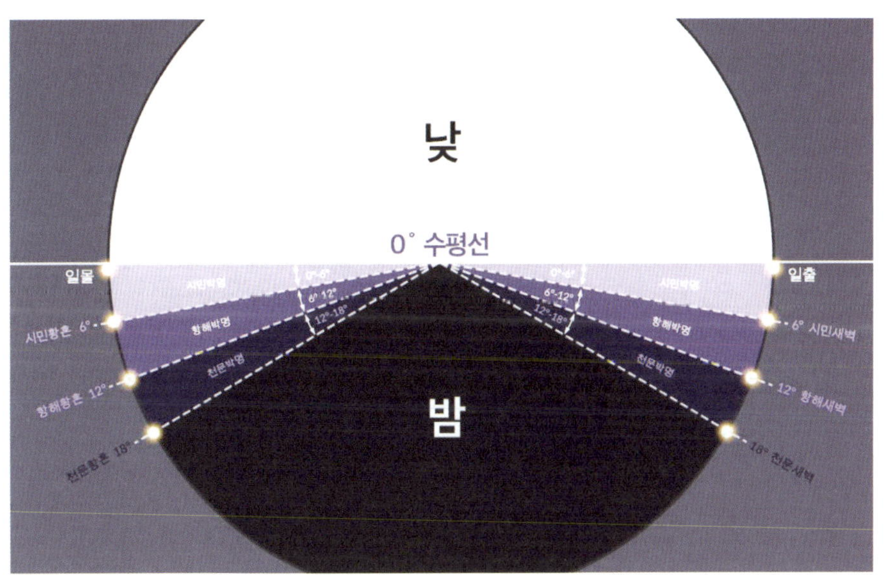

태양 위치에 따른 박명의 구분 ⓒ StarWalk

야외활동을 할 수 있고 신문의 활자를 읽을 수 있는 등, 시민들이 일상생활을 여전히 지속할 수 있는 시간대의 밝기를 말하죠. 즉 시민박명은 해가 완전히 뜨기 전, 또는 완전히 진 후이긴 하지만, 전체적으로 하늘과 지표가 훤한 상태로, 대략 해뜨기 30분 전부터, 해진 후 30분 동안입니다. 하늘에서 초승달이나 금성을 볼 수도 있죠.

항해박명은 태양이 뜰 때나 질 때에, 태양의 중심점이 지평선이나 수평선 아래 12도 사이에 있을 때의 어두컴컴한 상태입니다. 즉 해가 뜨진 않았으나, 전체적으로 훤하긴 하지만, 시민박명보다 어둡고, 바다에서 수평선을 구분할 수 있는 때를 말하죠. 서울에서는 30분에서 40분 가량 지속되며, 해돋이 전 또는 해넘이 후 30분~1시간 10분에 해당하는 시간대입니다.

이 시기에는 잘 알려진 별들이 보이기 시작하고, 수평선도 구분할 수 있기 때문에 이를 이용하여 항해에서는 현재의 위치를 알아내는 데 사용했답니다. 조명 없이도 사물의 윤곽은 알아볼 수 있지만 보통의 야외활동은 불가능하죠.

천문박명은 태양의 중심점이 지평선(또는 수평선)에서부터 12~18도 아래에 위치할 때의 박명입니다. 내려본각 12도는 해상에서 수평선이 분간되는 한계죠. 서울에서는 30분에서 40분 가량 지속됩니다.

이 시기에는 하늘은 상당히 어둡고, 거의 대부분의 별들을 관측할 수 있지만, 성운이나 은하수 같은 천체들은 볼 수 없어요. 해넘이 후 천문박명 이후부터 해돋이 전 천문박명 이전까지의 '완전한 밤' 시간에는 6등급의 별도 맨눈으로 관측이 가능하답니다.

한 마디로 말하면, 이런 박명이 다 스러진 후 캄캄한 밤하늘에서 가장 좋은 천체 관측을 할 수 있답니다.

04. 지구에서 가장 별이 잘 보이는 곳은 어딘가요?

아주 캄캄한 밤하늘에서 우리가 맨눈으로 볼 수 있는 별의 수는 대략 몇 개나 될까요?

아주 어두운 하늘에서 우리가 눈으로 볼 수 있는 별의 밝기 한계는 6등성 정도인데, 6등성 이상의 밝기를 가진 별은 개수는 북반구, 남반구 하늘을 다 합하면 약 7천 개랍니다. 그러니까 북반구에서 우리가 맨눈으로 볼 수 있는 별의 개수는 약 3,500개라는 얘기지요.

별을 가장 잘 보려면 어떤 하늘이어야 할까요?

첫째, 빛 공해가 가장 적은 하늘이어야 합니다.
둘째, 대기의 영향을 덜 받는 산꼭대기가 좋습니다. 그래서 대부분의 천문대는 해발이 높은 곳에 짓습니다.
셋째, 대기 중에 습도가 낮아야 합니다. 주로 기온이 낮은 겨울에 관측을 하는 것은 그런 이유 때문이죠.

위와 같은 조건이 갖추어졌을 때 별지기들은 시잉(seeing)이 좋다고 말합니다.

천체사진작가 미구엘 카를로가 찍은 아조레스 제도 상미겔 섬의 은하수. © Miguel Claro

세계에서 밤하늘의 별을 보기 가장 좋은 곳은 어디일까요? 뉴질랜드의 한 언론사가 세계에서 별 보기 좋은 곳 순위를 조사해서 발표한 게 있는데, 도움이 될 것 같아 소개합니다.

지구상에서 별보기 좋은 곳 1위에는 칠레에 있는 산 페드로 데 아타카마(San Pedro de Atacama)가 선정됐어요. 별보기 좋은 곳 2위는 뉴질랜드 남섬에 있는 테카포 호수, 3위는 미국 애리조나 주에 있는 세도나가 뒤를 이었습니다.

세계에서 최고의 별 보기 장소로 꼽힌 산 페드로 데 아타카마는 시야를 가리는 구름이 거의 없는 곳으로 전해졌어요.

특히 테카포 호수 지역의 밤하늘은 자연 그대로 유지되었고, 빛 공해를 막기 위해 무려 30년간 특수 전구와 빛 공해 가리개를 사용해왔다고 합니다.

이 밖에도 플래그스태프(미국), 메르조가(모로코), 와디럼(요르단), 에어즈록(호주), 모아브(미국), 포트딕슨(말레이시아), 미츠페라몬(이스라엘) 등이 별보기 좋은 곳으로 선정됐답니다.

그러나 서울은 세계에서 별보기가 가장 나쁜 곳입니다. 밤새 수많은 조명을 켜는 서울 같은 대도시에서는 겨우 1등성이나 2등성 몇 개가 보일 뿐이죠. 또한 한반도 아랫녘에서 은하수를 볼 수 있는 곳은 강원도 등 몇 군데 되지 않는답니다.

한국에서 가장 별이 잘 보이는 곳 중 하나는 1999년 5월 우리나라 최초로 '별빛 보호 지구'로 선포된 강원도 횡성군 강림면 월현리 일대랍니다. 빛 공해가 적은데다 산세가 좋아 별이 총총한 밤하늘을 만날 수 있죠. 물론 은하수도 볼 수 있답니다. 반딧불이도요.

05. 어두운 밤하늘이 점점 사라져가요

우리 주변에서 별을 볼 수 있는 밤하늘이 점점 사라져가고 있답니다. 주로 빛 공해 때문이죠. 빛 공해는 지나친 인공조명 때문에 밤에도 낮처럼 밝은 상태가 유지되는 현상을 말해요.

요즘 이 빛 공해가 세계적인 환경문제로 떠올랐답니다. 빛 공해가 생태계를 파괴하고 농작물의 성장을 방해하며, 사람의 건강에도 아주 나쁜 영향을 끼친다고 하네요.

현재 지구촌은 빛 공해로 몸살을 앓고 있는 중이랍니다. 유럽 인구의 60%, 북미 인구의 80%가 빛 공해 때문에 더 이상 밤하늘의 별을 볼 수 없다고 합니다.

특히 가로등으로 인해 50만 종의 곤충들이 멸종 위기를 맞고 있다고 합니다. 빛 공해는 곤충뿐 아니라 사람들의 건강에도 심각한 위협이 되고 있죠. 밝은 밤의 지역일수록 암 발생이 증가한다는 조사가 발표되기도 했죠.

그런데 불행하게도 빛 공해에 있어서는 한국이 세계 2위랍니다. 한국은 빛 공해 지역이 전체 국토의 89.4%를 차지해, 이탈리아(90.4%)에 아슬아

빛 공해로 뒤덮인 남한과는 달리 캄캄한 북한의 밤. 국제우주정거장에서 찍었다. ⓒ NASA

슬하게 1위를 내주었다고 하네요.

따라서 우리나라에서 밤하늘의 은하수를 볼 수 있는 지역은 강원도 양양의 '별빛보호 지구' 등, 아주 좁은 지역으로 줄어들어 있는 형편이랍니다.

여러분은 가로등이나 밝은 간판 근처에서 나방을 포함한 여러 곤충을 본 적이 있겠죠? 이는 곤충들이 인공조명을 달빛이라 착각해서 그런 거랍니다. 빛 주변을 날아다니던 나방들은 대부분 날다 지쳐 죽거나, 포식자에게 잡아먹히죠.

현재 전 세계에 100만 종의 곤충이 서식하고 있는데, 이대로 간다면 수십 년 내에 40% 이상이 멸종한다고 합니다.

다행히 빛 공해를 줄이기 위한 시민들의 자발적인 운동도 꾸준히 지속되고 있어요. '불을 끄고 별을 켜다' 캠페인도 그 중의 하나랍니다. 1년 중 하루를 잡아 밤 9시부터 5분간 동시 소등 캠페인도 진행되고 있죠. 이처럼 현재 전 세계적으로 빛 공해를 줄이기 위한 노력이 활발하게 일어나고 있어요. 우리도 건강한 밤하늘을 지키기 위해 이에 적극적으로 동참해야겠어요.

06. 밤하늘로 떠나기 전 준비해야 할 것들

천체관측을 한다면, 먼저 거창한 천체망원경부터 떠올리게 마련인데, 사실 밤하늘을 관측하는 데는 맨눈이 최고랍니다.

물론 망원경으로 보면 아름다운 성운, 성단, 은하 등을 두루 감상할 수 있지만, 오랜 관측 생활을 한 후에 깨달은 것은 맨눈으로 보는 지구 밤하늘의 별밭보다 아름다운 우주 풍경은 없다는 사실입니다.

밤하늘 곳곳에서 보석처럼 아름답게 반짝이는 별들, 오리온자리, 사자자리, 북두칠성을 거느린 큰곰자리, 큰개자리 등등, 눈에 익은 장엄한 별자리들이 어두운 하늘을 배경으로 정겹게 우리를 내려다봅니다.

언제나 감동이고 언제나 신비입니다. '아, 어쩌다 이런 아름답고 희한한 세상에서 내가 살게 된 걸까?' 하고 늘 감탄하곤 합니다.

이런 것을 나는 '우주 감수성'이라 부르는데, 여러분도 오래 밤하늘을 보고 우주를 관측하다 보면 우주 감수성이 풍부해져 언젠가 이런 감동과 신비를 느낄 때가 올 거라 믿어요.

  문명의 극성으로 현대인들이 잃어버린 우주 감수성을 함께하는 밤하늘 산책으로 키웁시다. 그러면 삶이 달라진답니다.

  자, 그럼 밤하늘로 떠나기 전에 무엇을 준비해야 하는지 간단히 살펴보기로 해요.

1. 무엇보다 중요한 것은 빛공해가 없고 하늘이 많이 보이는 장소를 골라야 한다는 겁니다. 자기 집에서 가까우면서도 어두운 밤하늘을 볼 수 있는 곳을 미리 잘 조사해둬야 할 필요가 있죠. 때로는 근처의 학교 운동장이나, 공공 축구장 같은 곳이 의외로 좋은 선택일 수가 있답니다. 빛공해가 심하지 않은 곳이라면 아파트 베란다도 훌륭한 관측지가 될 수 있죠. 보통 수도권 별지기들은 강원도나 서해안, 강화도, 석모도, 교동도 같은 지역을 즐겨 찾죠.

2. 당장 망원경을 준비하기 어려우면 쌍안경이라도 마련하는 게 좋아요. 요즘은 가격이 많이 내려서 25x42(25배율, 42mm구경) 쌍안경이라도 아마존 세일 기간이면 10만 원대더군요. 성운, 성단, 달 같은 대상을 보는 데는 쌍안경이 적당합니다. 유성우나 별자리를 감상하는 데는 망원경이 전혀 필요없답니다.

3. 두툼한 돗자리와 방한 옷차림이 꼭 필요합니다. 밤의 야외는 의외로 추워요. 여름이면 모기 등 해충 대비도 필요해요. 별자리 앱을 깐 휴대폰은 기본이죠.

4. 이동할 때 쓰는 일반 손전등과 책 등 참고자료를 볼 때 필요한 붉은 셀로판을 댄 작은 손전등을 준비하세요. 붉은빛이 암적응한 눈을 비교적 잘 보호해주기 때문이죠. 처음에는 별이 잘 안 보이더라도 눈이 5~10분 암적응한 후면 놀랄 정도로 잘 보이게 되죠. 하지만 명적응은 금방이므로, 암적응한 후에는 밝은 빛을 가급적 피해야 합니다. 따라서 관측지에 진입할 때 혹 다른 별지기들이 와 있을지 모르므

로 차량 조명을 최소로 해서 천천히 진입하는 것이 별지기의 기본 예절이죠.

5. 공공-시민 천문대를 이용하는 것도 좋은 방법입니다. 요즘 지방자치단체들이 주민들을 위해 천문대를 많이들 짓습니다. 검색해보면 주변에 놀랄 만큼 많은 천문대들이 있다는 사실을 알 수 있죠. 그런 시설은 시민을 위한 공개 관측회 같은 프로그램을 수시로 운영하므로 자녀들과 함께 참어한다면 큰 망원경으로 훌륭한 천체관측을 할 수 있죠. 아름다운 추억은 덤이고요.

6. 별지기 카페에 가입하는 것도 큰 도움이 됩니다. 망원경과 관측지, 천문지식, 중고시장 등에 관한 풍부한 정보를 얻을 수 있죠. 무슨 질문이라도 올리면 고수들이 득달같이 달려와 친절히 알려줍니다.

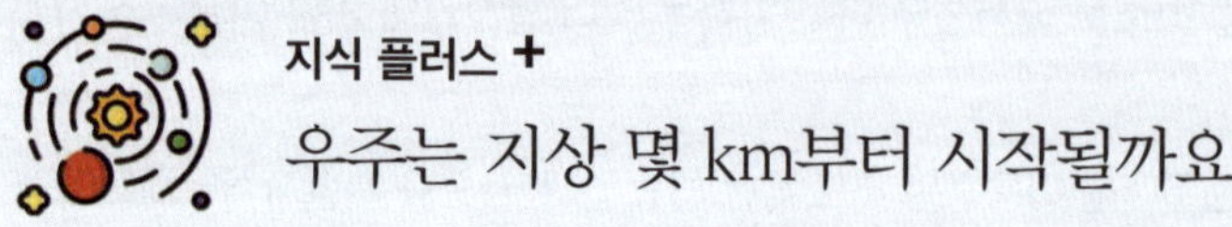

우주는 지상 몇 km부터 시작될까요?

요즘 우주선을 타고 우주 관광을 하는 티켓을 파는 회사들이 생겨나고 있어요. 앞으로 머지않아 달 관광, 화성 관광을 갈 수 있는 날이 올지도 몰라요.

벌써 국제우주정거장(ISS)에 다녀온 민간인들도 10명 가까이 된답니다. 고도 400km 지구 궤도에서 90분에 한 번씩 지구 둘레를 돌고 있는 이 우주 정거장에 승차하려면 티켓 값이 좀 비싸요. 1인당 최소 250억 원이나 된다나요. 하지만 앞으로 본격적인 관광용 우주선이 개발되면 값이 많이 떨어질 거예요.

여기서 우리는 짚고 넘어가야 할 한 가지 문제가 있답니다. 얼마만큼 높이 올라가야 우주여행을 했다고 할 수 있을까 하는 문제입니다.

우리가 외국을 갈 때 이용하는 국제 여객기의 비행 고도는 대략 10km쯤 됩니다. 이런 비행기를 타고 우주여행을 했다고 할 수는 없겠지요.

그래서 국제적으로 우주의 경계선을 해발 100km로 정해졌는데, 미국의 우주항공 과학자인 테오도르 폰 카르만이라는 사람이 우주선의 궤도를 계산한 끝에 내놓은 답이랍니다. 이 고도 100km의 경계선을 '카르만 선(Kármán line)'이라 하지요.

국제우주정거장(ISS)에서 찍은 사진은 지구 대기층의 경계를 보여준다. 중간권은 파란색의 위쪽 띠이다. ⓒ NASA

그러니까 아무리 로켓을 타고 높이 올라갔다 하더라도 카르만 선을 넘지 못했다면 그것은 우주여행이라 할 수 없다는 거죠.

우주선을 타고 지구 밖으로 나갔다 온 사람, 즉 우주 비행사를 우리는 보통 우주인이라 하는데, 1969년 달에 착륙했다가 돌아온 미국의 아폴로 우주선 선장 닐 암스트롱을 비롯해 사실 우주인 수는 얼마 되지 않는답니다.

우리나라 사람으로 우주에 갔다 온 인물은 2008년 국제우주정거장을 9박 10일간 방문한 이소연 박사뿐입니다.

Chapter 2

달, 달, 무슨 달

우리가 경험할 수 있는
가장 아름다운 감정은 신비감이다.
더 이상 신비감을 느끼지 못하는 삶은
죽어버린 삶이다.

— 아인슈타인 (미국의 물리학자)

07. 달은 어떻게 생겨났나요?

달이 뭐죠? 달은 밤하늘에 뜨는 밝은 천체이지만, 별은 아니랍니다. 지구 같은 행성도 아니고요. 달처럼 행성 둘레를 도는 천체를 위성이라 하는데, 인공위성과 구별하기 위해 자연위성이라고 하죠.

지구는 달을 딱 1개 갖고 있지만, 화성은 2개, 목성이나 토성은 수십 개의 달을 갖고 있답니다.

그런데 지구의 달은 언제, 어떻게 생긴 걸까요?

까마득히 오랜 옛날인 약 45억 년 전에 화성만 한 크기의 '테이아(Theia)'란 천체가 날아와 원시 지구에 꽈당~ 하고 충돌했답니다. 그 바람에 지구는 뜨거운 용암 곤죽이 되었고, 우주로 치솟아 올라간 엄청난 먼지들이 서서히 뭉쳐져 지구 둘레를 도는 달이 만들어졌다고 합니다. 이를 일컬어 거대 충돌설이라 하죠.

그러니까 달은 지구보다 나이가 약간 적은(약 5,000만 년) 동생이랍니다. 크기는 지름이 약 3,500km로 지구의 약 4분의 1이고요, 거리는 38만km쯤 떨어져 있죠. 지구를 30개 늘어놓으면 닿는 거리랍니다.

원시 지구에 테이아가 충돌해서 달을 만드는 상상도. © NASA

하지만 달의 부피는 지구에 비해 아주 작아 약 1/50 정도밖에 안 된답니다. 그리고 표면에서의 중력은 지구의 약 17%입니다. 이렇게 중력이 약하니까, 여러분이 만약 달에 가서 풀쩍 뛴다면 자기 키보다 높이 올라갈 거예요.

아폴로 우주 비행사들이 달에 내려서 그 무거운 우주복을 입고도 풀쩍풀쩍 뛸 수 있었던 것은 달의 중력이 이처럼 아주 약하기 때문이지요.

그런데 동생인 달이 형인 지구에게 엄청난 일을 하고 있다는 거 아세요? 하루에 두 번씩 일어나는 바다의 밀물과 썰물도 다 달의 인력 때문이랍니다.

그보다 더 중요한 것은 무엇보다 달이 지구의 자전축을 23.5도로 안정되게 잡아주는 역할을 하고 있다는 겁니다. 그래서 사계절을 만들어주고 있죠. 만약 지구의 축을 고정해 주는 역할을 하는 달이 없어진다면 지구는 팽이처럼 어느 한쪽으로 더 기울게 되고, 지구의 남극과 북극이 다 없어지게 되어 더 이상 생명이 살 수 없는 곳이 될지도 모릅니다.

밤하늘에서 그저 무심히 빛나는 저 달도 알고 보면 우리에게 참으로 소중한 존재라는 것을 잊어서는 안 되겠죠. 그런 의미에서 밤하늘에서 달을 보거든 고맙다는 인사라도 한 번 꾸벅 하는 게 어떨까요?

08. 달은 왜 모양이 자꾸 바뀌나요?

여러분은 달의 이름을 몇 개나 알고 있나요? 보름달, 반달, 초승달, 그믐달, 상현달, 하현달 등등 아주 이름이 많죠. 이건 달의 모양이 항상 변하기 때문이죠.

달이 지구 주위를 한 번 공전하는 데 걸리는 시간은 27.3일(궤도 주기)인데, 이는 달의 한 번 자전시간과 같답니다. 따라서 지구에서는 항상 '계수나무 옥토끼'가 보이는 달의 한쪽 면만을 볼 수 있을 뿐이죠. 말하자면 지구와 달이 서로 두 팔을 부여잡고 빙빙 돌면서 춤을 추고 있는 모양이랍니다.

달의 공전주기는 27.3일이지만, 지구-달-태양의 위치 변화는 29.5일(삭망주기)을 주기로 달라지면서 달의 모양을 변화시키죠. 이것을 달의 위상변화라 한답니다.

달은 스스로는 빛을 내지 않고 태양빛을 받아서 반사하는 거랍니다. 달에서 태양빛을 받는 부분을 어떤 방향에서 보느냐에 따라 달의 모양이 변하죠. 달은 모양에 따라 초승달, 상현달, 보름달, 하현달, 그믐달로 불러요.

그믐달은 음력 27일경에 뜨는 왼쪽이 둥근 눈썹 모양의 달이에요. 초승

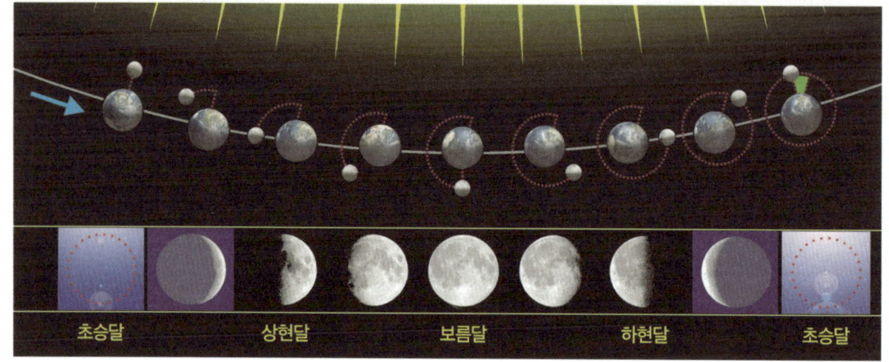

달의 위상변화. 달과 지구, 태양의 위치 관계에 따라 달 표면에 햇빛을 받는 장소가 지구에서 볼 때 달라진다.
© Wikipedia

달과 반대 모양을 하고 있는 그믐달은 새벽에 동쪽 지평선 부근에서 잠시 볼 수 있어요. 그믐달에서 날짜가 더 지나면 다시 초승달이 보이기 시작합니다.

한 달을 주기로 변화하는 달의 위상을 1일 단위로 표시한 나이를 매기는데, 이를 월령이라 해요. 보통 소수점 첫째 자리까지 기록하는데, 합삭(그믐)에서 시작하여, 7~8일경 상현, 15일경 보름, 22~23일경 하현, 그리고 다시 합삭이 됩니다. 예컨대, 처음 나타나는 초승달은 월령 1.9, 보름달은 월령 15.1 등으로 표시합니다.

참고로, 하나 기억해둬야 할 사항은 초승달 같은 때 희미하게 보이는 달의 어두운 부분에 관한 얘기입니다. 이는 지구의 빛을 받아서 빛나는 것으로 지구조(地球照)라 하죠. 지구조를 가장 먼저 발견한 사람은 15세기 이탈리아의 화가이자 과학자인 레오나르도 다빈치랍니다. 역시 화가의 눈은 날카로운가 봅니다.

09. 수평선 위 달은 왜 붉게 보일까요?

지평선 부근의 달이 붉게 보이는 것은 무슨 까닭일까요? 이것은 빛의 성격 때문입니다. 빛은 무지개를 보면 알 수 있듯이 여러 가지 파장의 빛으로 이루어져 있죠.

가장 긴 파장부터 나열해보면 빨, 주, 노, 초, 파, 남, 보가 됩니다. 그리고 지구의 대기에 의해 빛이 많이 산란되는 것은 파장이 짧은 쪽의 빛입니다.

달이 지평선 부근에 있을 때 지구 대기를 비스듬히 통과해 우리에게 오므로 더 긴 경로를 지나게 되고, 그에 따라 파장이 짧은 빛들은 산란되고, 긴 파장의 붉은빛이 많이 살아남아 달이 붉게 보이는 거랍니다.

그런데 사실 달의 빛깔은 일정하지가 않답니다. 달의 색깔은 어떤 밤이냐에 따라 다릅니다. 지구의 대기권 밖에서 본다면 햇빛을 반사하며 빛나는 달의 색깔은 갈색을 띤 장엄한 회색빛으로 보입니다.

그러나 지구상에서 보면, 곧 지구의 대기 내부에서 보면 달의 색은 상당히 다를 수 있어요. 한 천체 사진작가가 10년에 걸쳐 이탈리아 전역의 여러 장소에서 촬영한 보름달 사진 48장을 나선형으로 배열한 사진이 있어요.

한 천체 사진작가가 이탈리아 전역에서 찍은 아름답고 다채로운 보름달의 색상들. © Marcella Giulia Pace

이 사진을 보면 모든 보름달들이 각기 다른 색상을 띠고 있음이 한눈에 드러나죠.

빨간색 또는 노란색을 띤 달은 일반적으로 수평선 근처에서 보이는 달이랍니다. 그곳에서 달빛에 포함된 푸른빛의 일부는 지구 대기를 통과하는 긴 경로에 의해 산란되거나 때로는 미세 먼지에 흡수되어 지상에까지 도달하기 힘들죠. 이런 이유로 푸른색의 달은 상당히 보기 힘듭니다.

마지막 48번째 이미지는 2018년 7월의 개기월식 때 찍은 달입니다. 이 달이 지구의 그림자 속에서 붉게 보이는 것은 파장이 긴 붉은색이 비교적 산란을 덜 겪은 채 지구 주위의 공기를 통해 굴절되어 지상에 도달하기 때문이죠.

다음 일어나는 월식 때는 어떤 색깔의 달을 보게 되는지 놓치지 말고 관측하기 바랍니다. 어쩌면 전혀 예상치 못한 색깔의 월식 달을 보게 될지도 모릅니다.

10. 달에는 왜 '곰보'가 많나요?

쌍안경이나 망원경으로 달을 보면 표면에 수많은 구덩이들이 보입니다. 바로 '크레이터(crater)'라 하는 것인데, 우주에서 날아온 소행성들이 부딪쳐 만든 충돌 구덩이랍니다.

망원경으로 달을 본 최초의 사람은 이탈리아의 과학자 갈릴레오 갈릴레이였어요. 그는 손수 만든 망원경으로 1609년 11월 30일 처음으로 달을 관측했죠. 당시 상식으로는 달은 천상의 물질로 이루어진 완벽한 구체라고 믿었는데, 갈릴레오가 본 달은 지구처럼 산도 있고 골짜기도 있는 세계였죠. 물론 수많은 크레이터들이 곳곳에 패어 있었어요.

달의 앞면에서만 최소 크기가 1㎞ 이상인 크레이터가 약 30만 개 정도 있다고 해요. 과학자들은 달에서 화산 활동으로 이런 자국이 생겼을 수도 있겠지만, 그보다는 큰 것은 운석의 충돌로 만들어졌을 거라고 생각하고 있답니다.

크레이터 중에는 나이가 수억 년, 수십억 년 된 것도 있어요. 달에는 물도 공기도 없기 때문에 바람이 불지 않고 비도 내리지 않으니까 그처럼 오랜 시간이 흘러도 전혀 변화가 없는 거죠. 심지어 아폴로 우주 비행사들이

보름달과 비행기. 절구 찧는 토끼 꼴을 한 검은 부분이 달의 바다이고,
아래 보이는 수박 꼭지 자국 같은 것이 티코 크레이터다. 과천에서 촬영. © 김경환

월면에 남겨놓은 발자국도 수백 년은 갈 거랍니다.

　이런 크레이터들이 원시 지구에도 많이 생겼지만, 지구는 달과 달리 풍화작용으로 거의 다 메꾸어져버려 보기가 힘들다고 하죠. 하지만 미국 애리조나의 베링거 운석 충돌구 같은 것은 아직도 남아 있죠.

우리나라의 합천 초계분지도 약 5만 년 전 지름 200m의 운석이 떨어져 너비 8km의 거대한 충돌 구덩이를 만든 거랍니다.

우주 암석이 충돌하여 크레이터를 만들 때, 충돌 부스러기들이 주변에 뿌려져 햇살같이 뻗어나가는데, 이런 무늬를 광조(光條)라고 해요. 충돌 크레이터 주변에는 모두 이런 광조들이 아름답게 퍼져 있는 모습을 볼 수 있답니다.

달에 있는 많은 크레이터 중에 가장 아름다운 크레이터는 티코 크레이터라 해요. 아름다운 고리 모양의 산지가 있는 코페르니쿠스 크레이터, 이웃한 조금 더 작은 케플러 크레이터, 크기가 무려 40㎞나 되는 아리스타르코스 크레이터 등도 유명하죠. 꼭 놓치지 말고 관측해 보도록 해요.

달 표면에는 이색적인 지형이 있는데, '바다'라고 불리는 곳이죠. 달의 화산작용으로 표면으로 흘러나온 용암이 만든 지역으로, 검은색과 회색을 띤 평원이랍니다. 물론 물은 없어요. 갈릴레오가 처음 달을 관측할 때 평평하게 보여 '달의 바다'라고 부르는 바람에 그런 이름을 갖게 되었을 뿐이죠.

아폴로 우주선이 착륙할 때는 주로 이런 평평한 바다를 착륙 장소로 고른답니다. 1969년 7월 20일 아폴로 우주선의 착륙선이 착륙한 장소는 고요의 바다였어요.

우리가 달을 볼 때 '옥토끼' 같은 시커먼 무늬를 볼 수 있는데, 이 부분이 바로 달의 바다랍니다.

 **달 관측 포인트** 달에는 볼거리가 아주 많아요. 달의 바다 옥토끼와 크레이터들이 장관이죠. 유명 크레이터들을 두루 감상하세요. 특히 수박꼭지처럼 보이는 티코 크레이터를 놓치지 마세요. 크레이터를 관측하기에는 보름달보다 반달이 유리해요.

11. 일식과 월식은 왜 일어나나요?

일식은 달이 해를 가리는 것, 월식은 지구 그림자 속으로 달이 들어가는 걸 말합니다. 두 가지 다 해와 달, 지구가 한 줄로 나란히 설 때 일어나는 현상이죠. 천문학에서는 이런 걸 '식 현상'이라 하죠.

일식이나 월식에서 '식(蝕)'이란 한자는 '갉아먹는다'는 뜻이랍니다. 지구에서 우리가 볼 때 한 천체가 다른 천체를 가리는 것을 말하죠. 예컨대, 태양-달-지구가 일직선상에 있을 때 달이 해를 가려 일식이 되고, 태양-지구-달이 나란히 줄을 서면 월식이 되죠. 달이 해를 완전히 가리면 개기일식이라 하고, 일부분만 가리면 부분일식이라 해요. 그런데 일식에는 태양계의 놀라운 기적이 숨어 있답니다.

태양은 달에 비해 지름이 400배 크고요, 거리는 지구에서 달에 비해 400배 먼 곳에 있지요. 그러면 어떻게 되는지 아세요? 하늘에서 보이는 태양과 달이 똑같은 크기로 보인다는 거죠. 그래서 달과 태양이 딱 포개지면 태양이 완전히 가려지는 개기일식이 일어나는 거죠. 이건 참 놀라운 기적 같은 우연이죠. 이 태양계의 기적 같은 우연 덕분에 우리는 개기일식을 감상할 수 있는 거죠. 그런데 때로는 달이 태양을 다 가리지 못해 태양의 가장자리가 비어져나오는 일식이 있어요. 그 가장자리 부분이 마치 반지처럼

2018년 1월 31일의 개기월식. 한국천문연구원 박영식 선임연구원 촬영.

보인다고 해서 금환일식이라 하죠.

이런 일이 일어나는 것은 달이 지구 둘레를 타원 궤도로 도는 바람에 지구-달의 거리가 일정하지 않기 때문이랍니다. 달이 타원의 길쭉한 곳에 위치하면 그만큼 작게 보여 해를 다 덮지 못하게 되는 거죠. 또 세 천체가 줄을 약간 삐뚜름하게 서는 바람에 달이 해의 일부분만 가려 송편처럼 보이는 일식은 부분일식이라 하죠.

일식은 태양과 달이 합을 이루는 초하룻날에 볼 수 있지만, 매달 일어나지는 않아요. 지구가 태양을 도는 천구상의 궤도인 황도와 달이 지구를 도는 백도가 5도 이상 기울어져 있기 때문이죠.

일식은 자연적인 현상이지만 일부 고대나 근대 문화에서는 초자연적 원

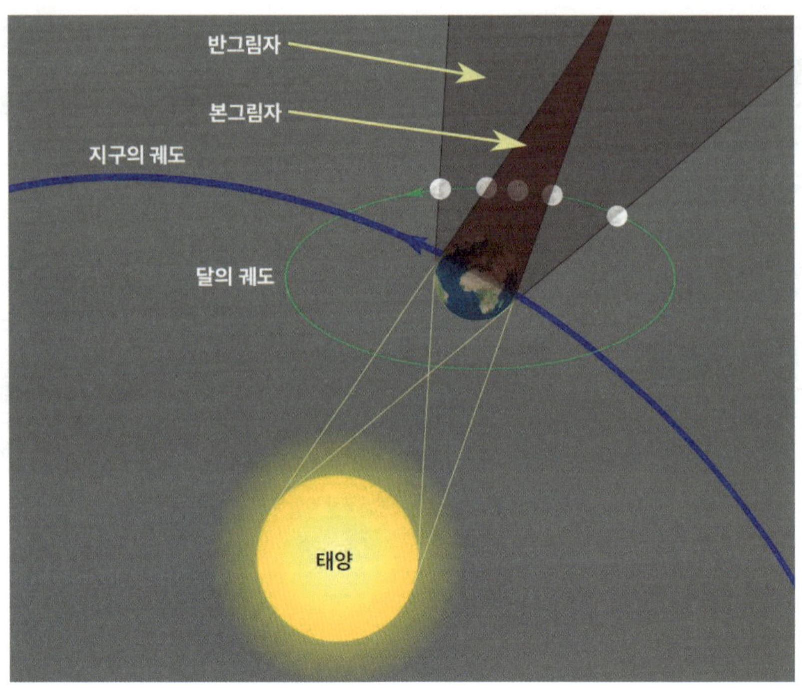

월식은 태양-지구-달이 일직선상에 놓일 때 일어난다. ⓒ Wiki media

인에 의해 일어나거나 불길한 징조로 여겨지기도 했어요. 천문학적인 이해가 없는 사람들에는 대낮에 해가 사라지는 것처럼 보였기에 두려워하기도 했죠.

조선시대에는 일식이나 월식이 일어나면 임금과 신하들이 다 소복 차림으로 '구식례(救蝕禮)'라는 것을 올렸답니다. 임금이 뭔가를 잘못해서 하늘이 경고를 하는 것이라 보고 반성하는 뜻으로 올리는 의식이었죠.

고대 그리스의 철학자인 탈레스는 일식이 언제 생길지를 예언해서 전쟁을 멈추게 한 일도 있었다고 합니다.

일식 관측 때 특히 주의해야 할 점은 절대 맨눈으로 태양을 직접 바라보지 말아야 한다는 겁니다. 선글라스도 안 됩니다. 특히 태양 필터가 없는 망원경으로 해를 똑바로 보는 짓은 아주 위험해요. 눈에 큰 손상을 줄 수가 있죠.

그러니까 일식을 관측할 때는 일식 안경이나 진한 색 필름, 셀로판지를 통해 보도록 합시다. 태양 흑점을 관측할 때도 마찬가지고요.

개기일식은 전 지구적으로는 약 18개월에 한 번씩 일어나지만, 한 해를 기준으로 보면, 일식은 적어도 2회, 많으면 5회까지 일어날 수 있답니다.

가까운 미래에 우리나라에서 볼 수 있는 개기일식이 꽤 있답니다. 21세기 한국에서 관측 가능한 개기일식은 2035년 9월 2일(일), 2063년 8월 24일(금), 금환일식은 2041년 10월 25일(금), 2095년 11월 27일(일)에 있어요.

월식은 태양-지구-달이 일직선상에 놓일 때 일어납니다. 곧, 달이 지구의 그림자 안에 들어오는 현상으로 보름달 때만 일어나죠. 달이 지구의 본그림자 속에 완전히 들어갈 때는 개기월식, 달이 지구의 본그림자와 반그림자 사이에 위치할 때는 부분월식이 된답니다.

고대 그리스 시대에 아리스토텔레스는 월식이 일어날 때의 그림자가 지구의 그림자이며, 이것은 지구가 둥글다는 증거로 내세웠죠.

2017년 8월 21일 일식. 희게 빛나는 부분이 코로나로, 개기일식 때 잠깐 동안 맨 눈으로 코로니를 볼 수 있다. 붉게 보이는 것은 태양의 홍염이다. © Wiki media

월식 역시 달의 공전궤도(백도)가 지구의 공전궤도(황도)에 비해 5도 정도 기울어져 있기 때문에 보름달마다 항상 월식이 발생하는 것은 아니랍니다. 길어야 8분인 개기일식과는 달리 개기월식은 약 100분 동안 지속되기도 해요.

개기월식이 일어날 때 달이 붉게 보이는 것은 지구 대기에 의한 산란 때문이랍니다. 태양에서 나온 빛 중 파장이 짧은 푸른빛은 잘 산란되는 반면,

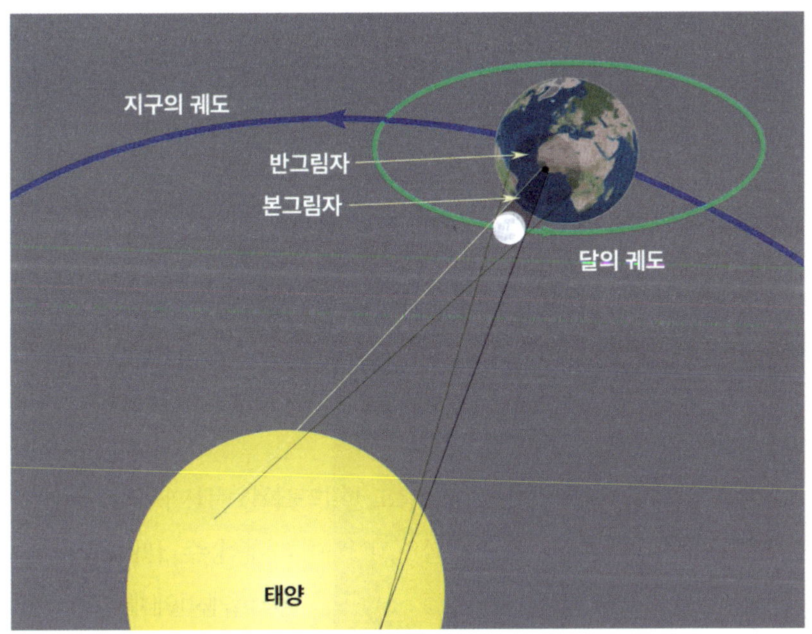

달의 본그림자 안은 개기일식이나 금환일식, 반그림자 안은 부분일식이다. ⓒ Wiki media

파장이 긴 붉은빛은 달에 도달하므로 월식의 달이 불그스름하게 보이는 거죠. 이런 달을 '블러드 문'이라고 해요.

일식-월식 관측 포인트　일식 때는 꼭 태양 안경을 써야 합니다. 천체 관련 몰에서 사면 돼요. 망원경에는 반드시 태양 필터를 씌워야 하고요. 일식은 빨리 지나가니까 사전 준비를 잘해야 합니다. 월식 관측 때는 지구 그림자의 원호와 달의 원호를 비교해보는 게 재미있어요. 두 천체의 크기 비율을 알 수 있죠.

12. 슈퍼문이 뭐예요?

칠레 산티아고의 천체사진 작가 유리 벨레츠키가 잡은 아름다운 개기월식의 블러드 슈퍼문.

'슈퍼문(supermoon)'이란 '가장 큰 보름달'을 말해요. 달은 지구 둘레를 타원형으로 도니까 지구와의 거리가 일정하지 않고 가까워졌다 멀어졌다 하죠. 달의 궤도에서 지구와의 거리가 가장 가까운 지점을 근지점이라 하고, 가장 먼 지점을 원지점이라 하죠.

그럼 달이 가장 크게 보일 때는 언제일까요? 당연히 달이 근지점에 올 때겠죠. 반대로 달이 가장 작게 보일 때는 원지점에 다다를 때고요. 근지점에 온 가장 큰 보름달을 슈퍼문, 원지점에 온 가장 작은 보름달을 미니문이라 하는데, 슈퍼문은 미니문보다 약 14% 더 크고, 30% 정도 더 밝답니다. 큰 차이죠.

　1월의 슈퍼문을 아메리카 인디언들은 '늑대 달(Wolf Moon)'이라고 했어요. 긴 겨울밤 늑대 울음소리를 들을 때 보는 달이라는 뜻이었지요. 1월의 슈퍼문이 붉게 보이는 까닭은 파장이 짧은 푸른빛이 지구 대기에 의해 산란된 반면, 파장이 긴 붉은빛은 덜 산란되기 때문이죠.

슈퍼문 관측 포인트
5x70 쌍안경 하나면 아름다운 슈퍼문 감상에 충분해요.
15배에 70mm인데, 그리 비싸지 않아요.

13. 달을 기준으로 달력을 만들었어요

여러분의 책상 위에도 탁상 달력 하나쯤은 세워져 있겠죠? 흔히 카렌다라고 하는 달력에는 두 종류가 있는데, 양력과 음력이 그것이랍니다.

양력은 태양을 기준으로 해서 만든 달력이고, 음력은 달을 기준으로 해서 만든 달력이죠.

그럼 태양을 기준으로 한다는 것은 무슨 뜻일까요? 지구는 스스로 자전하면서 태양 둘레를 공전하죠. 지구가 한 바퀴 자전하는 데 걸리는 시간을 1일로 하고, 태양 둘레를 딱 한 바퀴 도는 데 걸리는 시간을 1년으로 정해서 만든 달력을 양력이라 한답니다.

양력을 태양력이라고 하는데, 고대 이집트에서 1년을 365일로 하는 태양력을 제일 처음으로 쓰기 시작했어요.

그 후 1년이 365.25일이란 것을 알게 되면서 4년마다 1일 더하는 윤년을 넣는 달력이 만들어졌는데, 이것을 율리우스력이라 하죠. 그래도 약간의 오차가 생겨서 1582년 조금 수정을 가해 그레고리력이 생겨났고, 이것이 바로 오늘날 우리가 쓰고 있는 달력이 되었죠.

달이 차올랐다가 다시 기우는 모양의 변화에 따라 한 달을 정한 음력 카렌다. ⓒ amazon

이에 비해 음력은 달이 차고 기우는 모양 변화를 기준으로 날짜를 정한 달력을 가리키죠. 달의 모양이 보이지 않는 삭(朔, 달이 태양 쪽 일직선상에 있을 때)을 초하루라 하며, 15일이 지나 망(望, 달이 태양과 반대편으로 일직선상에 있을 때)이 되는 날을 보름, 다시 삭의 위치에 가기 전날, 즉 한 주기의 마지막 날을 그믐이라 하여 한 달을 정했죠.

삭에서 다음 삭까지는 약 29.5일이 걸리므로, 한 달을 29일이나 30일로 정한 음력 1년은 태양력의 1년보다 열흘 정도가 짧아지게 됩니다. 음력의 이러한 단점을 메우기 위해 2~3년에 한 번씩 윤달이라는 별도의 달을 더 넣는답니다. 2023년의 경우, 양력 3월 22일과 4월 19일에 걸쳐 음력으로 윤2월이 추가되었죠.

　이런 음력은 계절과 잘 맞지 않지만, 달의 모양이 날짜에 일치하고 조석 현상을 잘 예측할 수 있으므로 해안가나 농촌에서는 아직도 많이 사용하고 있답니다.

　하지만 농사를 짓는 데는 계절이 중요하므로 양력이 꼭 필요하죠. 그래서 나온 것이 절기랍니다. 1년을 24절기로 나누는 건데, 절기와 절기 사이는 대략 15일 간격이죠. 말하자면 양력의 축소판이라 할 수 있죠. 태양 둘레를 도는 지구가 춘분에서 시작하여 90도 지점에 이르면 하지, 180도가 추분, 270도가 동지가 됩니다.

14. 달이 지구랑 이별할 거라고요?

달이 지금 이 순간에도 지구로부터 조금씩 멀어지고 있다는 것을 혹 아시나요? 이런 사실이 알려진 게 얼마 되지도 않는답니다. 그러면 얼마나 빨리 멀어지고 있느냐 하면, 1년에 3.8cm씩 멀어지고 있답니다. 아니, 벼룩꽁지만 한 그 길이를 어떻게 쟀냐고요?

달에 착륙한 아폴로 우주선 비행사들이 표면에 설치해놓은 레이저 반사거울이 그 답이랍니다. 모두 5개의 반사거울을 달 표면에다 세워뒀는데, 여기로 지구에서 쏘는 레이저 광선이 갔다가 되돌아오는 시간이 약 2.5초인데, 밀리미터 단위까지 정확히 잴 수 있죠.

과학자들이 이런 측량을 오랫동안 해온 결과, 달이 해마다 3.8cm씩 멀어져가고 있다는 계산서를 뽑아냈답니다. 그러면 지구의 동생인 달은 왜 지구로부터 자꾸 멀어지는 걸까요? 형인 지구가 동생에게 무슨 서운한 일이라도 한 걸까요?

이처럼 달이 멀어져가는 이유는 다른 것이 아니라, 달이 만드는 지구의 밀물, 썰물 때문이랍니다. 밀물과 썰물이 들락날락하면서 바다의 밑바닥과 마찰을 일으키는데, 이것이 지구의 자전 속도에 약간 브레이크를 거는 역

미국 아파치 천문대에서 달까지 거리를 재기 위해 레이저 광선을 쏘고 있다.

할을 한답니다. 따라서 지구 자전 속도가 조금씩 늦어지는데, 그러면서 달을 끌어당기는 힘도 약간씩 약해짐에 따라 달이 지구로부터 멀어지는 거랍니다.

1년에 3.8cm라 하면 무시해도 될 듯하지만, 뜻밖에도 심오한 의미가 있답니다. 티끌 모아 태산이라고, 이것이 차곡차곡 쌓이다 보면 10억 년 후에는 자그마치 지금 달까지 거리의 10분의 1인 3만 8,000km가 되고, 100억 년 후에는 38만km가 됩니다. 달이 지구에서 2배나 멀어지게 되는 셈이죠. 그러면 어떻게 될까요?

확실한 것은 언제가 되든 달은 결국은 지구와 이별할 거란 얘기죠. 그 후 태양 쪽으로 날아가 태양에 부딪쳐 장렬한 최후를 맞을 것인지, 아니면 외부행성 쪽으로 날아가 광대한 우주 바깥을 헤맬 것인지, 그 행로야 알 수 없겠지만 말이죠.

문제는 45억 년이란 오랜 세월 동안 지구와 같이 꺼안고 돌던 달도 언제까지나 그렇게 있을 존재는 아니라는 얘기죠. 우주의 모든 것은 시작과 끝이 있는 법이죠.

그런 생각을 하면서 오늘 밤이라도 바깥에 나가 하늘의 달을 한번 보세요. 우리 지구의 동생인 저 달도 언젠가는 형과 작별을 고할 겁니다. 그런 생각으로 달을 바라보면 달이 더 아름답게 느껴질 거예요.

달이 떠난 후에도 지구에 생명이 살 수 있을까요? 하지만 그런 걱정은 하지 않아도 된답니다. 우리는 고작 100년도 못 살지만, 그런 일은 정말 아득한 미래에나 일어날 테니까요.

달이 왜 자꾸 나를 졸졸 따라올까요?

어린 시절, 달을 보면서 걷다 보면 자꾸 달이 나를 따라오는 것처럼 보여서 이상하게 생각되던 기억들이 누구나 있을 것입니다. 달은 분명 그 자리에 있을 텐데 왜 자꾸 나를 따라오는 것 같은 착각이 드는 걸까요?

달은 지구로부터 38만km나 멀리 떨어져 있습니다. 그러니 아무리 내가 빨리 움직이더라도 지상의 물건들과 달이 이루는 각은 거의 변하지 않습니다. 이게 바로 달이 나를 따라오는 것처럼 착각을 일으키는 원인입니다. 차를 타고 달릴 때 가까운 물체들은 빠르게 뒤로 가는 것처럼 느껴지지만, 눈길을 멀리 두면 먼 물체들은 천천히 움직이는 듯이 보이는 것과 같은 이치입니다.

애기 나온 김에 하나 더. 지평선이나 수평선 위에 떠오르는 달이나 해는 유달리 크게 보입니다. 정말 해나 달이 더 커서 그럴까요? 아뇨, 이것 역시 착시 현상입니다.

수평으로 보이는 달의 경우, 우리는 무의식적으로 근처의 나무나 다른 지상 물체와 비교해 보게 되는데, 그 때문에, 상대적으로 커 보이는 것입니다. 반면에, 머리 위의 달은 크기를 비교할 대상이 없는데다, 배경이 되는 넓은 하늘 때문에 상대적으로 작아 보이는 것입니다.

Chapter 3

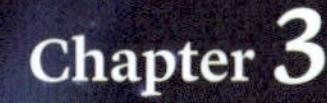

정말로 예쁜 우리 동네 행성들

인류는 광활한 우주공간에서도
특별히 안락한 공간,
'우주 특구'라는 곳에 살고 있다.

— 미치오 가쿠 (미국의 물리학자)

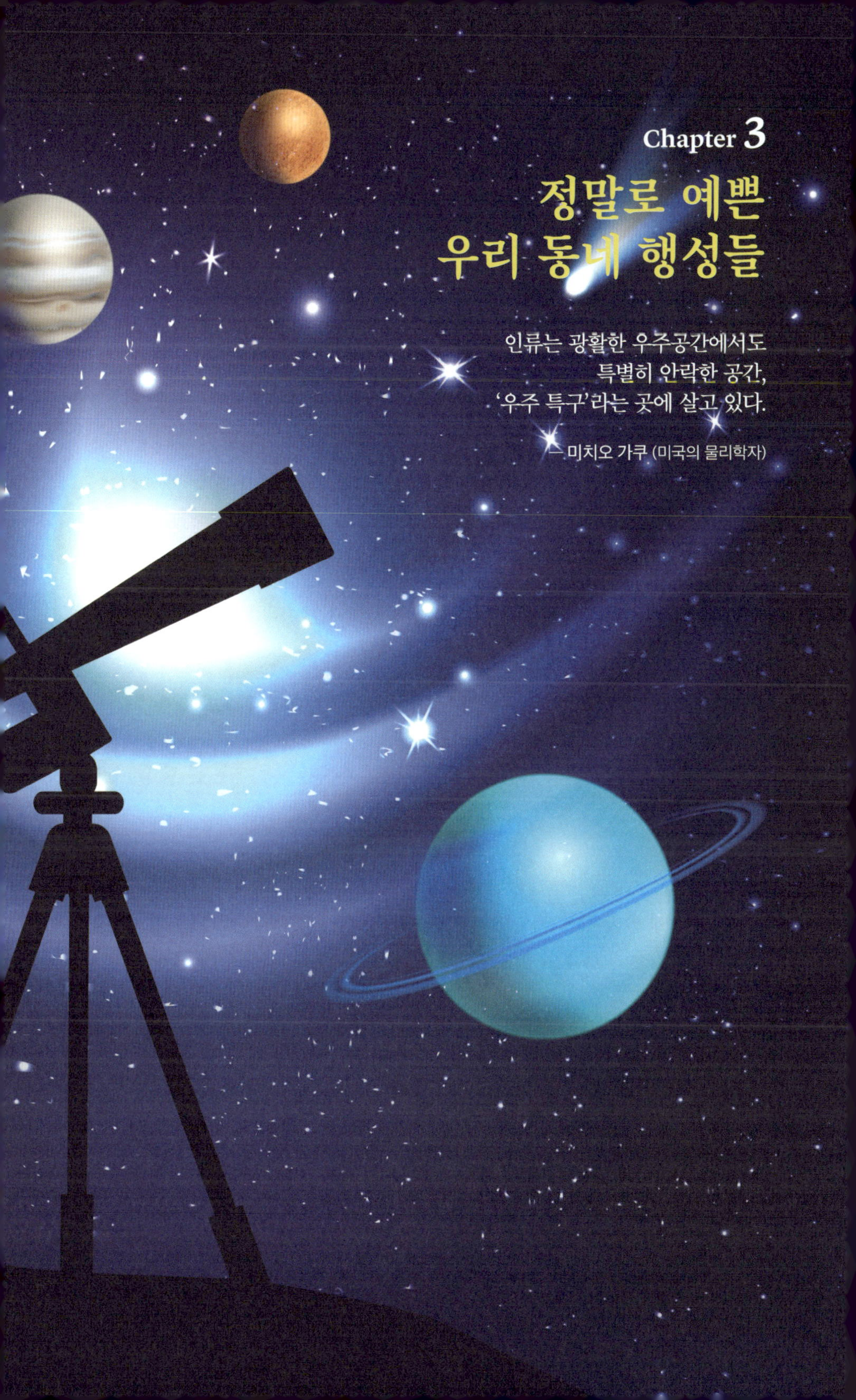

15. 수성도 관측할 수 있나요?

태양계의 8개 행성들은 모두 자기만의 궤도를 지키며 태양의 둘레를 돌아요. 태양에 가까운 순서대로 말하자면, '수·금·지·화·목·토·천·해'가 되죠.

지구 안쪽에 있는 행성을 내행성, 바깥에 있는 행성을 외행성이라 하는데, 지구에서 볼 때 내행성은 태양으로부터 일정한 각도 바깥으로 '절대로' 벗어나지 않죠. 그래서 수성은 금성처럼 새벽과 초저녁에만 보여요.

내행성이 태양으로부터 동쪽으로 가장 멀리 떨어진 각도를 동방 최대이각, 서쪽으로 가장 멀리 떨어진 각도를 서방 최대이각이라고 하죠. 수성의 경우는 최대가 28도, 금성은 47도예요.

따라서 한밤중에 두 행성을 하늘에서 보는 일은 있을 수가 없고, 태양보다 동쪽에 있을 때는 저물녘의 서녘 하늘에서, 서쪽에 있을 때는 새벽 동녘 하늘에서 잠깐 볼 수 있을 뿐이죠. 지동설을 제창한 폴란드의 유명한 천문학자 코페르니쿠스도 일생 동안 수성을 한 번도 못 봤답니다.

가장 관측하기 좋은 때는 최대이각이 되었을 때로, 특히 춘분-추분 무렵 새벽하늘이나 초저녁 하늘을 살펴보면 두 행성이 반짝이는 모습을 쉽게 볼

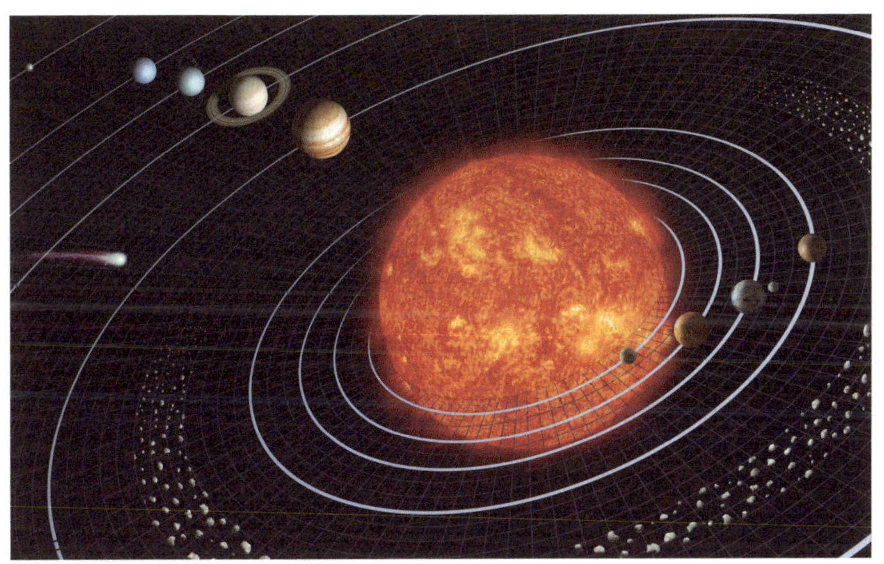

태양계를 형성하는 태양과 8개의 행성들 © Wikipedia

수 있답니다.

금성에 비해 최대이각이 반 남짓한 수성은 좀처럼 보기 힘든 대상이랍니다. 별지기들 중에도 수성을 못 본 사람이 꽤 많아요. 인류 중에 수성을 본 사람은 1%도 안 될 겁니다. 수성 관측에 도전해서 1% 안에 한번 들어봅시다.

영어로 머큐리(Mercury)라 불리는 수성은 지름이 약 4,880km로, 지구의 달(지름 3,470km)보다 조금 더 크죠. 공전주기는 88일, 자전주기는 58일로, 자전과 공전이 3 : 2 비율이랍니다. 즉 태양의 주위를 2번 공전할 동안 3번 자전하죠.

따라서 수성의 항성일(자전주기)은 약 59일인 데 비해 수성의 태양일(태

수성을 탐사하는 메신저 호. 2011년 수성 궤도 진입 후 4년간 수성을 4104번 돌면서 탐사했다.

양이 수성 하늘을 한 바퀴 도는 시간), 즉 하루는 무려 수성의 2년인 176일이나 됩니다. 그러니까 88일은 낮으로, 햇빛이 내리쬐고, 다음 88일은 밤으로, 태양을 전혀 볼 수 없다는 얘기죠.

수성이 '바짝 구워졌다'는 표현도 가능해요. 수성의 표면 온도는 한낮에는 427℃로 올라갔다가 한밤중에는 -173℃까지 떨어지죠. 무려 600℃의 차이가 난답니다. 냉온탕 겸비죠. 이렇게 온도 차가 큰 이유는 대기가 거의 존재하지 않는데다 지구보다 태양에 가까워 7배나 많은 태양열을 176일 동안 같은 면에 받기 때문이죠.

수성 표면은 달과 비슷하게 크레이터들이 많은데, 태양계가 생겨나고 5~6억 년 뒤인 약 40억 년 전 수많은 소행성들이 충돌하여 생긴 것들이죠. 수성 표면에는 또 엄청난 운석이 충돌해 생긴 것으로 보이는 칼로리스 분지가 있는데, 분지 지름이 수성 반지름의 절반이 넘는 1,550km나 된답니다.

수성이 공전을 하는 도중 지구와 가까운 곳에서 우리의 시선 방향을 지나가게 되면, 밝은 태양면의 배경 위에서 수성이 검은 작은 점으로 나타나는 것을 관측할 수 있어요. 이것을 수성의 일면통과(日面通過) 또는 태양면 통과라고 하죠.

이는 내행성이 내합일 때 태양면을 가로질러가는 식(蝕)의 일종으로, 수성의 경우 공전 궤도면이 지구 궤도면과 정확히 일치하지 않기 때문에 자주 일어나지는 않아요. 수성은 평균 7년에 1회 일어나고, 금성은 235년 또는 243년 주기로 6월 7일이나 12월 8일에 태양면 통과가 일어난답니다.

일면통과가 천문학적으로 의미를 가지는 것은 금성이 태양 표면을 지나가는 시간을 측정하면 태양의 시차를 구할 수 있고, 이를 바탕으로 태양까지의 거리를 알아낼 수 있기 때문이랍니다.

실제로 1761년과 1769년 금성의 일면통과 관측 자료를 종합하여 1771년 프랑스 천문학자 제롬 랄랑드는 1천문단위(AU)* 거리를 1억 5,300만km로 계산했죠. 망원경 관측으로 얻어낸 결과로는 이전 값들에 비해 정확도

---

* 천문단위(AU) : 'astronomical unit'의 줄임말. 1AU는 지구-태양 간 거리인 약 1억 5,000만km로, 천문학에서 거리를 나타내는 데 사용되는 가장 기본적인 단위다.

가 크게 향상된 것이었어요.

　수성은 금성처럼 위성이 하나도 없는데, 그 이유는 태양에 너무 가깝기 때문이랍니다. 위성이 행성에서 너무 멀어지면 궤도가 불안정해져서 태양에 붙잡혀버리고, 반대로 행성에 너무 접근하면 중력의 조석 효과에 의해 파괴되고 말기 때문이죠.

 **수성 관측 포인트**　수성은 가장 밝을 때가 -1.9등급이나 되지만, 태양에 너무 가까이 있기 때문에 자세한 관측은 어렵고요, 달처럼 위상 변화 모습을 확인하면 성공입니다. 지름 60~80mm망원경으로 보면 수성의 이지러진 모습을 확인할 수 있어요.

16. 금성은 왜 저렇게 밝은 거죠?

수성 다음으로 가까운 두 번째 행성인 금성은 이름도 여러 개가 있어요. 새벽 동쪽 하늘에 뜨면 '샛별' 또는 '계명성(鷄鳴星)'이라 하고, 저녁 무렵 서쪽 하늘에 뜨면 '개밥바라기' 또는 '태백성(太白星)'이라 합니다.

개밥바라기는 '개의 작은 밥그릇'이란 뜻이랍니다. 저녁에 금성이 뜰 무렵이면 개가 배고플 시간이라는 뜻에서 이런 이름을 붙인 거죠. 우리 조상님들의 뛰어난 유머 감각을 알 수 있죠.

영어로는 비너스(Venus)라 하는 금성은 밤하늘에서 보름달 다음으로 밝은 천체랍니다. 밝기는 -4등급 정도로, 우리가 1등성이라고 부르는 별보다 무려 100배나 더 밝습니다. 그래서 이런 금성이 서쪽 하늘에 나타나면 UFO를 발견했다는 신고 전화가 심심찮게 걸려오기도 한답니다.

금성이 이처럼 밝은 이유는 지구에 가장 가까운 행성인데다 두터운 이산화탄소 대기층이 햇빛을 높은 비율로 반사하기 때문입니다.

금성은 태양 주위를 224.7일을 주기로 공전하며, 243일을 주기로 자전합니다. 태양계의 여덟 행성 중에서 가장 느린 자전 속도죠. 따라서 금성에서

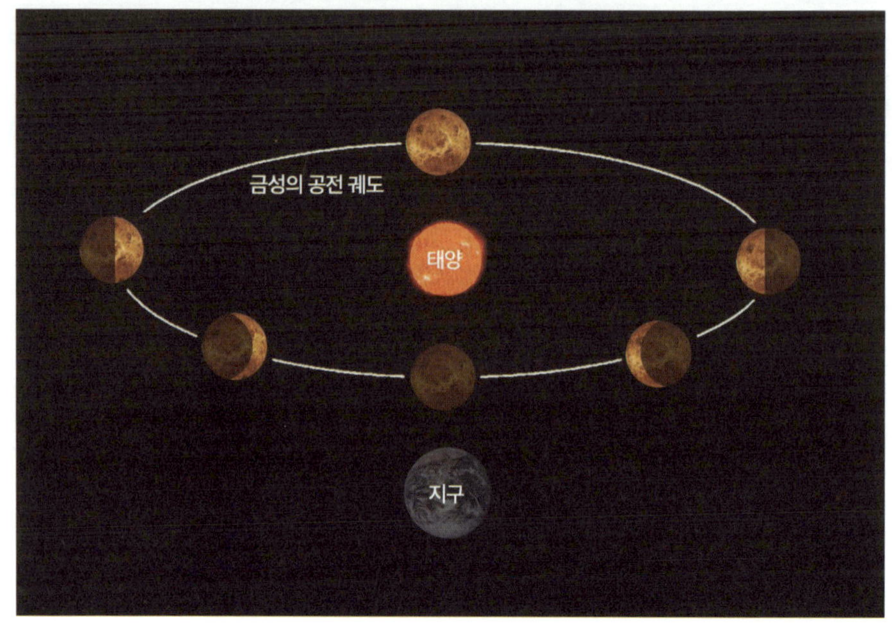

금성도 달처럼 궤도상의 위치에 따라 위상 변화를 보인다. © Wikipedia

의 하루는 거의 1년과 맞먹는답니다.

또한, 자전 방향이 태양계의 행성 중에서 유일하게 동에서 서이기 때문에, 금성 표면의 관측자는 태양이 117일마다 서에서 떠서 동으로 지는 것을 관찰하게 된답니다.

망원경으로 관측하면 금성이 달처럼 모양이 변하는 위상 변화를 하고 있음을 알 수 있죠. 이것을 가장 먼저 발견한 사람은 17세기의 갈릴레오 갈릴레이인데, 이것이 천동설을 무너뜨린 결정타가 되었다고 합니다.

금성의 표면은 황산으로 이루어진 짙은 구름으로 덮여 있기 때문에 아주 뜨겁고 건조해요. 표면 온도가 500도나 되는데, 이런 높은 온도에서는 납도 녹기 때문에 모든 액체는 끓어서 날아가버리죠. 게다가 황산으로 이루어진 구름에서 때때로 황산비가 내린답니다. 그래서 태양계에서 가장 지옥에 닮은 곳이 있다면 금성일 거라고 천문학자들은 입을 모으죠.

게다가 금성의 두터운 이산화탄소 대기는 높은 온실 효과로 열기를 잡아두는 역할을 하는데, 우리 지구도 자칫하면 금성처럼 될지도 모른다고 과학자들은 걱정하고 있답니다.

이런 금성이 요즘 과학자와 별지기들에게 크게 관심을 끌고 있답니다. 금성 지표에서 48km 상공의 두터운 구름층은 온도가 온화하고 기압 또한 지구와 비슷해서 미생물이 서식할 수 있는 환경을 이룰 수도 있다고 보기 때문이죠.

2020년 과학자들은 금성의 대기에서 포스핀 가스의 흔적을 찾아냈다고 발표했어요. 그것은 생명체가 배출했을 가능성이 있는 가스랍니다. 이 소식으로 금성은 단박에 최고의 관심 행성이 되었답니다.

금성 관측 포인트
두터운 대기로 싸여 있어 표면은 볼 수 없고요, 대신 천동설로는 설명이 안되는 금성의 위상 변화를 감상합시다.

17. 화성은 왜 붉게 보이나요?

현재 가장 많은 탐사 로버들이 활동하고 있는 천체가 바로 화성입니다. 최근 몇 년 동안에만도 미국 항공우주국(NASA)의 화성 탐사 로버 퍼서비어런스가 착륙해 함께 싣고 간 화성 헬리콥터 인저뉴어티와 같이 탐사를 진행하기도 했죠.

또 2021년 5월에는 중국의 화성 궤도선·착륙선·로버로 구성된 톈원 1호가 화성 표면에 무사히 착륙해 중국은 미국과 러시아에 이어 화성에 탐사선을 착륙시킨 세 번째 나라가 됐답니다.

그뿐 아니죠. 중동의 아랍에미리트(UAE)가 화성 궤도선 '아말(아랍어로 '희망'이라는 뜻)'을 세계에서 다섯 번째로 화성 궤도에 진입시키는 데 성공했답니다. 우주 개발에 뒤처져 있는 우리나라로선 참 부러운 일이죠.

그런데 왜 이처럼 모두들 화성으로 우르르 몰려가고 있는 걸까요? 지구 외의 7개 행성 중 지구랑 가장 닮은 행성이 바로 화성이기 때문이랍니다. 만약 인류가 더 이상 지구에서 살 수 없게 되었을 때 가장 먼저 피란 갈 만한 후보지가 화성인 거죠.

2021년 2월 19일 화성탐사 로버 퍼서비어런스가 착륙선에 의해 화성 표면에 착륙하는 상상도. © NASA

화성은 태양계의 4번째 행성이며, 4개의 지구형 행성 중 하나죠. 지름은 지구의 1/2 정도이며, 자전 주기는 24시간 37분 22초로 지구보다 약간 길죠. 자전축 기울기는 25도로 지구랑 비슷하여 사계절이 있는 행성이랍니다. 표면에 물은 없지만 약간의 대기도 있어 바람도 불고 먼지 폭풍도 가끔 분답니다.

화성의 공전 주기는 약 687지구일인데, 공전 궤도가 타원이기 때문에 지구의 원일점(지구가 태양에서 가장 멀 때)과 화성의 근일점(화성이 태양에 가장 가까울 때)이 일치할 때 지구-화성 거리가 가장 가까워집니다. 이것을 화성의 대접근이라 하며, 15~17년을 주기로 나타나죠.

평균적인 화성의 접근은 2년 2개월의 주기를 갖는데, 2025년 1월에 이어 2027년 2월에 화성의 접근이 있어요. 이때가 화성을 관측하기가 가장 좋은 기회이기도 하죠.

밤하늘에서 화성을 관측해 보면 놀랄 정도로 빨갛게 보인답니다. 이유는 쇠못이 붉게 녹스는 것과 같은 거랍니다. 화성 표면의 바위나 흙에 포함된 철 성분이 산소와 반응하여 녹스는 바람에 그렇게 붉게 보이는 거죠.

그래서 예로부터 동양권에서는 불을 뜻하는 화(火)를 써서 '화성(火星)'이라 부르고, 서양권에서는 로마 신화의 전쟁의 신 마르스의 이름을 따서 '마르스(Mars)'라 부른답니다. 오늘날 영어에서 3월을 뜻하는 '마치(March)'도 여기서 유래되었죠.

그런데 화성 표면에서 10대 가까운 탐사 로버들이 열심히 돌아다니며 찾고 있는 게 무엇인지 아나요? 미생물의 흔적과 물이랍니다.

아주 옛날에는 화성에도 바다가 있었는데, 중력이 약해 거의 우주로 날아가버리고 말았다네요. 만약 화성에서 미생물의 흔적이라도 찾게 된다면 우주 탐사의 역사에서 최대 뉴스가 될 거예요.

화성에는 태양계에서 가장 높은 산인 해발 27km의 올림푸스 화산이 있으며, 역시 태양계에서 가장 큰 계곡인 매리너스 협곡과 하얀 극관을 가지고 있어요. 또 화성은 포보스와 데이모스라는 이름의 아주 작은 달 2개를 갖고 있답니다.

화성은 밤하늘에서 붉은 빛을 띠며 맨눈으로도 쉽게 관측이 된답니다.

겉보기 등급은 1.6~3.0등급이며, 태양, 달, 금성, 목성 다음으로 하늘에서 가장 밝은 태양계의 천체랍니다.

 **화성 관측 포인트** 지름 60mm 정도의 망원경으로 대접근 때의 화성을 보면 붉게 빛나는 원반과 표면 무늬를 볼 수 있어요. 때로는 화성 남북극의 흰 극관도 보여요. 지름 100mm, 배율 150배 이상이면 이른바 '대운하'라 하는 것들도 보입니다.

18. 목성에 보이는 저 '붉은 점'은 대체 뭐죠?

수성, 금성, 지구, 화성까지가 암석형 행성인 데 비해, 5번째 행성인 목성부터 토성, 천왕성, 해왕성은 모두 가스형 행성이랍니다.

목성은 태양으로부터 약 5.2AU(7억 8,000만km) 떨어져 거의 원에 가까운 궤도로 공전하고 있으며, 공전주기는 약 11년 10개월, 자전주기는 약 10시간입니다.

목성의 가장 큰 특징이라면 태양계 8개 행성 중에서 가장 덩치가 큰 대빵 형님이란 겁니다. 지름이 지구의 11배, 무게는 지구의 318배, 부피는 무려 지구의 1,300배라니 말 다 한 거죠.

목성의 이름 주피터(Jupiter)는 로마 신화의 최고신으로, 그리스 신화의 제우스에 해당합니다. 그리스 신화에서 많은 아내를 둔 제우스처럼 많은 위성들을 거느리고 있는 목성은 1610년에 갈릴레오가 발견한 가장 큰 4개의 갈릴레이 위성을 포함하여, 적어도 95개의 위성을 가지고 있는 달 부자랍니다.

갈릴레오가 목성의 4대 위성을 발견한 것은 천문학의 역사에서도 아주

간헐천이 치솟는 유로파의 바다 상상도.
바다 속에 생명체가 살고 있을 가능성이 높다. ⓒ NASA

뜻깊은 일이었어요. 태양계의 미니 복제판을 발견한 거죠. 이 발견으로 인해 모든 천체는 지구를 중심으로 돈다는 천동설은 완전히 무너졌어요.

4대 위성을 모행성인 목성에 가까운 순서대로 놓는다면 이오, 유로파, 가니메데, 칼리스토입니다. 이걸 쉽게 외는 방법은 '이, 유, 가, 칼'인데, 말 되죠?

이들 중 가장 큰 가니메데의 지름은 약 5,270km로, 행성인 수성보다도 크죠. 그런데 4대 위성 중 가장 주목받고 있는 위성은 목성에서 두 번째로 가까운 유로파랍니다. 지름 3,120km인 유로파의 얼음 지각 밑에 깊이 100km의 바다가 있다는 사실이 발견되었답니다.

2016년에는 유로파에서 200㎞ 높이의 물기둥이 치솟는 것이 포착되기도 했어요. 과학자들은 그 바다에 생명체가 있을지도 모른다고 생각하고 탐사 준비를 하고 있는 중이죠.

목성에서 가장 유명한 것은 뭐니뭐니해도 '대적점(大赤點)'이죠. 커다란 붉은 점이란 뜻입니다. 이것의 정체는 목성의 폭풍이랍니다. 목성 대기에서 가장 유명한 소용돌이 현상으로, 그 크기는 지구가 몇 개 퐁당 들어갈 엄청난 규모랍니다.

이 대적점이 요즘 점점 크기가 줄어들고 있다고 하네요. 역사적으로는 1800년대 천체 망원경으로 측정한 장축의 길이는 40,800km였는데, 지금은 반 이하로 줄어들었답니다. 목성의 명소인 대적점을 관측하고 싶은 별지기들은 좀 서둘러야 할 듯싶네요.

목성의 대기 역시 본체처럼 주로 수소, 헬륨으로 이루어져 있으며, 약간의 암모니아와 메탄이 존재하죠. 그리고 작은 망원경으로 관측하더라도 목성 표면에 줄무늬가 보여요. 검은 줄무늬를 '띠(belt)', 그리고 밝은 줄무늬를 '대(zone)'라고 부르죠. '대'가 밝게 보이는 것은 암모니아 구름이 태양빛을 반사하기 때문이고, '띠'는 하강기류에 의해 구름이 희박하기 때문이랍니다.

허블 우주망원경이 찍은 목성. 오른쪽 아래에 대적점이 보이고, 북극에는 오로라가
보인다. 대적점 바로 아래 하얀 폭풍이 지구의 지름과 비슷하다. ⓒ NASA

목성에 관해 아주 중요한 사실 하나를 짚고 넘어갈게요. 이 덩치 큰 행성이 지구 바깥 궤도를 도는 덕분에 외부 태양계에서 날아오는 소행성들이 거의 목성 중력에 잡혀 깨지거나 목성에 충돌한답니다.

만약 목성이 없다면 지구는 소행성 공격을 수십 배는 더 많이 받았을 거라고 합니다. 6,600만 년 전 멕시코 유카탄 반도에 떨어진 소행성 때문에 지구상 공룡들이 멸종한 일도 있잖아요.

말하자면 목성은 지구의 보디가드인 셈이죠. 밤하늘에서 목성을 본다면 꼭 고맙다는 인사를 하기 바랍니다.

목성 관측 포인트 망원경의 지름 80mm, 배율 100배로 보면 목성의 줄무늬가 단순한 줄무늬가 아님을 알 수 있죠. 지름 100mm 정도면 갈릴레이 위성들이 목성 표면에 드리우는 그림자도 관측할 수 있어요. 목성의 달들이 2개씩 목성 양쪽으로 늘어선 풍경은 정말 아름답죠. 때로는 1~2개가 목성 뒤로 숨는 경우도 있어요.

19. 토성에는 왜 고리가 있지요?

태양계에서 가장 멋쟁이가 토성이라는 데 토를 달 사람은 없겠죠. 토성만큼 아름다운 고리를 두르고 있는 천체는 없기 때문이죠.

태양계 6번째 행성인 토성의 질량은 지구의 95배 정도이고, 지름은 지구의 약 9배, 부피는 760배에 달합니다. 태양으로부터 약 9.5AU 떨어진 궤도를 공전하고 있죠.

만약 토성보다 큰 욕조가 있어 토성을 던져 넣는다면 고무 오리처럼 둥둥 뜰 거예요. 목성처럼 가스형 행성인 토성의 밀도가 태양계 행성들 중 가장 낮아 물보다 작은 0.7밖에 안 되거든요. 토성이 이처럼 가벼운 것은 거의 수소와 헬륨으로 이루어져 있기 때문이죠.

그런데 토성의 아름다운 고리는 대체 무엇으로 이루어져 있고, 어떻게 생겨난 것일까요? 확실하게 밝혀지진 않았지만 대략 2가지 가설이 있어요. '잔재설'과 '충돌설'이죠.

잔재설은 성운에서 토성이 생성되고, 토성이 태어난 뒤 남은 성운 물질이 고리를 이루어 토성을 공전한다는 설명이죠.

충돌설은 토성의 강한 중력을 못 이겨 산산조각이 난 위성이나 유성체, 혜성의 잔해물이라는 주장이랍니다. 즉, 이들 천체들이 토성에 가까이 접근하면 토성의 중력에 의해 부서지게 되고, 이후 잔해들이 남아 서로 부대끼다가 더욱 잘게 부서져 고리를 형성한다는 겁니다.

고리는 발견된 순서대로 알파벳순으로 이름 붙여져 A, B, C, D, E, F, G의 7가지로 분류되죠. 주요 고리는 행성에서 바깥쪽으로 C, B, A 순으로, 가장 큰 카시니 틈은 B고리와 A고리 사이에 있죠.

토성 고리를 만드는 물질 성분은 99.9%가 순수한 물로 된 얼음 조각들이고, 나머지는 암석 성분의 불순물들이 약간 섞여 있어요.

토성 고리를 최초로 발견한 사람은 갈릴레오로, 1610년 손수 만든 망원경으로 토성의 고리를 관측했지만, 망원경 성능이 좋지 못해 고리인 줄 모르고 '토성의 양쪽에 귀가 붙어 있는' 걸로 알았답니다.

약 50년 뒤 네덜란드의 천문학자 하위헌스가 토성의 '양쪽 귀'는 고리임을 밝혀냈고, 1675년 이탈리아 출신의 프랑스 천문학자 카시니는 토성의 고리가 하나가 아니라 여러 개로 이루어져 있음을 알아냈죠. 또한 그는 고리 사이의 거대한 간격을 찾아냈는데, 이것이 바로 '카시니 틈'이랍니다. 이 틈은 A고리와 B고리 사이에 있는 폭 4,800km의 빈 영역이죠.

우주선으로 관측한 결과, 토성의 적도면에 자리잡고 있는 고리는 주로 1cm~10m 크기의 입자들로 구성되어 있고, 수많은 얇은 고리들이 레코드

토성을 탐사하는 카시니 호 상상도. 토성 고리는 표면에서 약 7만~14만km까지 뻗어 있다. ⓒ NASA

판처럼 곱게 나열되어 있으며, 토성 표면에서 약 7만~14만km까지 분포하고 있음이 밝혀졌죠.

대략 너비 7만km에 이르는 고리의 가장 큰 지름은 28만km로, 지구-달 사이 거리인 38만km의 3/4이나 되는 거대한 규모랍니다. 최신 관측에 의하면, 고리의 총질량은 약 10^{20}kg일 것으로 추정되는데, 이는 지구 바닷물의 1/10 정도의 양이랍니다.

이 거대하고 아름다운 토성 고리를 처음 본 사람은 결코 그 모습을 잊지 못한답니다. 팽이 같기도 하고 솥단지 같기도 한 물체가 밤하늘에 떠 있는 것을 보면 누구나 충격을 받죠.

그래서 "첫 사랑 얼굴은 잊어도 첫 토성 얼굴은 못 잊는다"는 우스갯말이 있을 정도랍니다. 그 충격으로 천문학에 입문한 사람들이 적지 않다고 해요. 이런 까닭으로 토성은 가장 많은 천문학자를 배출한 대학이라고들 하죠.

토성의 고리는 지구에서 볼 때 공전에 따라 고리 면이 향하는 방향이 바뀌므로 달리 보인답니다. 갈릴레오가 토성의 귀로 착각한 것도 그 때문이죠.

토성의 자전축이 26.7도 기울어 있어 한 번 공전하는 동안 우리에게 고리의 북측과 남측이 번갈아 보일 때와, 고리가 수평으로 일직선이 될 때가 반복되어 나타나죠.

고리 면이 토성 적도와 나란할 때는 큰 망원경으로도 거의 보이지 않아요. 토성의 주기가 약 30년이므로 이런 경우는 15년에 한 번씩 나타납니다.

토성 관측 포인트 토성의 고리를 보는 데는 지름 50~60mm, 배율 60배 정도 망원경이면 가능하고요, 지름 80mm, 배율 100배로 보면 입체감이 더욱 높아지고 토성 본체의 줄무늬도 보여요. 고리의 틈인 카시니 틈까지 본다면 대박이죠. 덤으로 토성 주위에 흩어져 있는 위성 5~6개를 놓치지 말고 감상하세요. 고리가 3중인 것을 보려면 150mm급 이상의 망원경이 좋아요.

20. 천왕성을 이름 없는 별지기가 발견했다고요?

천왕성은 태양계에 8개 행성 중 일곱 번째 행성이며, 세 번째로 큰 행성이랍니다. 태양으로부터 30억km(약 20AU)나 떨어진 궤도를 돌고 있기 때문에 태양을 한 바퀴 도는 데 84년이나 걸린답니다. 거의 사람의 한평생과 맞먹죠.

그런데 이 천왕성은 참 재미있고 특별한 사연을 갖고 있답니다. 18세기 이전에 살았던 모든 인류는 하늘에 수성, 금성, 지구, 화성, 목성, 토성—이렇게 6개 행성뿐이라고 철석같이 믿었죠.

그런데 웬걸! 어느 날 느닷없이 토성 바깥에 행성 하나가 더 있는 것을 발견해버렸죠. 이건 정말 날벼락 같은 일이었어요. 태양계가 갑자기 2배로 커져 버렸지 뭡니까? 여러분이 만약 어느 날 아침에 잠에서 깨었더니 아파트가 2배로 커져버렸다면 얼마나 놀라겠어요. 그거랑 똑같은 일이 태양계에서 벌어진 셈이죠.

더욱이 그 천왕성을 발견한 사람은 천문학자도 아닌 그냥 아마추어 별지기였어요. 직업은 음악가이고 취미로 별을 보던 윌리엄 허셜이라는 영국 사람이 1781년에 천왕성을 발견했던 거죠. 맨눈이 아닌 망원경을 이용하여 발견한 최초의 행성이죠. 당시 이것은 놀랄 만한 대발견으로 세상을 발칵 뒤집어 놓았죠.

천왕성 발견으로 천문학사에 불멸의 이름을 남긴 윌리엄 허셜은 그 발견 하나로 문자 그대로 팔자를 고쳤답니다. 하루아침에 유명인사가 되었을 뿐 아니라, 영국 왕립협회 회원으로 가입하고, 영국왕 조지 3세의 부름으로 궁정에서 왕을 알현하고 연봉 200파운드의 왕실 천문관에 임명되었죠. 천문학상의 발견으로 이처럼 벼락출세한 사람은 허셜이 유일하죠.

천왕성은 발견도 극적이지만, 그 행성의 성격도 아주 특이하답니다. 자전축이 기울다 못해 아주 벌렁 드러누운 자세로 태양을 공전하고 있죠. 얼마나 누웠을까요? 무려 98도랍니다. 수평으로 눕다 못해 8도나 더 처져버렸다는 얘기죠.

천왕성이 이렇게 드러누워버린 것은 태양계 초기에 어떤 큰 행성이 충돌한 때문이라고 하네요. 지름은 지구의 약 4배인 5만 1,000km나 되는 천체를 이렇게 뉘어버렸다면, 엄청난 충돌이 일어난 걸로 봐야겠죠.

지구에 계절이 있는 것은 자전축이 약간 기울어 있기 때문인데, 천왕성은 거의 궤도면에 누운 채로 굴러가는 형편이라, 극에 가까운 지역은 궤도를 한 바퀴 도는 동안 절반이 계속 태양을 향하고, 다른 절반은 태양을 볼 수 없죠.

천왕성은 공전 주기가 84년이므로 42년 동안은 낮이 계속되고, 다음 42

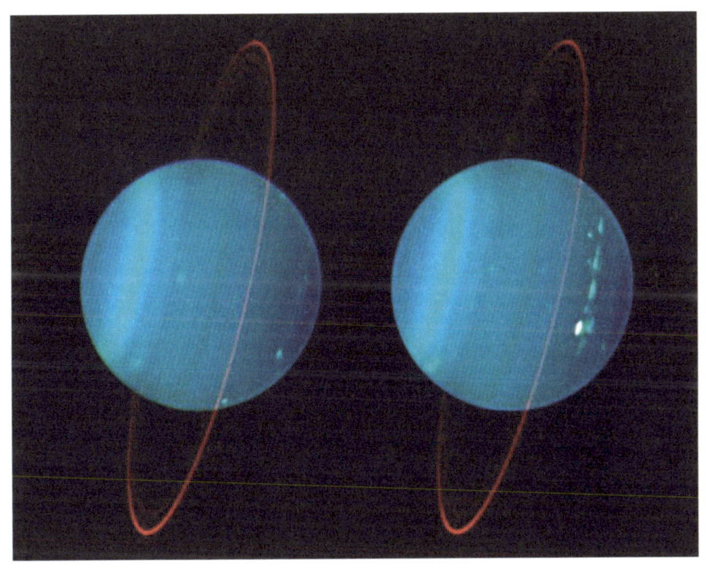

누워서 공전하는 천왕성. 고리와 함께 북반구의 밝은 구름이 보인다.
2005년 허블 망원경이 찍었다. ⓒ NASA/ESA

년 동안은 밤이 이어지는 거죠. 1986년 보이저 2호가 지나갈 즈음에는 천왕성의 남극 쪽은 거의 태양을 정면으로 받고 있었답니다.

천왕성을 발견한 윌리엄 허셜은 완전 천문학자로 변신하여 많은 업적을 남긴 후, 딱 천왕성 공전 주기인 84살의 나이로 우주로 떠났답니다.

천왕성 관측 포인트 너무나 멀리 있어 60mm 망원경으로 봐도 별처럼 보일 뿐이죠. 지름 80mm, 배율 150배로 보면 약간 파르스름한 원반 모양을 볼 수 있죠.

21. 해왕성을 연필로 발견했다고요?

해왕성 발견에는 흥미로운 사연들이 많이 얽혀 있어 영화로 만들어도 재미있을 거예요. 무엇보다 해왕성은 망원경이 아니라 종이와 연필로 발견한 행성이란 점이 매력이죠.

천왕성이 미세하지만 이상한 움직임을 보이는 것을 발견한 사람이 있었어요. 중학교를 중퇴하고 독학을 해서 천문학자가 된 프리드리히 베셀이라는 사람인데요, 독일 쾨니히스베르크 천문대 대장으로 있을 1840년, 천왕성의 이상 운동을 연구한 끝에 천왕성 밖에 다른 한 행성이 있을 거라고 예언한 논문을 발표했죠.

이 예언에 따라 열심히 계산한 끝에 해왕성의 위치를 알아낸 다음, 마침내 망원경으로 해왕성을 발견했죠. 그런데 두 사람이 그런 계산을 동시에 하게 되었죠.

그중 한 사람은 영국 케임브리지 대학의 존 카우치 애덤스라는 23살의 수학 전공 학생이었어요. 그는 미지의 행성에 관한 질량과 궤도를 계산한 결과 1845년 10월, 드디어 양자리 근처에 행성이 있을 거라는 계산서를 뽑아냈죠.

보이저 2호가 잡은 천왕성과 해왕성. 해왕성의 대흑점이 보인다.
가스 행성들의 탐사 미션을 띤 보이저 2호가 1989년 두 행성 옆을 지나면서 촬영했다.ⓒ NASA

그 무렵, 바다 건너 프랑스의 천문학자 위르뱅 르베리에가 새로운 행성의 존재를 예상한 궤도 계산을 한 결과, 애덤스의 연구 결과와 겨우 1도 차이로 일치하는 값을 찾아냈고, 자신의 연구 자료를 베를린 대학 천문대의 요한 갈레에게 보냈어요.

1846년 9월 23일, 르베리에의 편지를 받은 바로 그날 밤, 갈레가 지름 23cm의 망원경을 추정 위치로 돌려 미지의 행성을 찾는 데는 1시간도 채 걸리지 않았어요. 그는 구름 한 점 없는 하늘에서 8등급의 별을 발견했는데, 그것이 바로 태양계 제8 행성인 해왕성이었답니다.

해왕성 발견을 놓고 영국과 프랑스는 서로 먼저 발견했다고 열나게 싸웠죠. 애덤스의 논문이 더 빨랐다는 것이 영국의 주장이었죠.

오랜 다툼 끝에 결국 해왕성 발견의 공적은 애덤스와 르베리에가 함께 갖는 걸로 정리되었죠. 르베리에와 애덤스는 해왕성 궤도를 계산하기 위해 1만 장이나 되는 종이를 썼다고 해요. 그래서 해왕성은 연필과 종이로 발견한 행성이란 이름을 얻었죠.

해왕성은 기체 행성으로 지름이 지구의 4배인 약 5만km이며, 아름다운 쪽빛을 띠고 있죠. 대기 중에 포함된 메탄이 붉은빛을 흡수하고 푸른빛을 산란시키기 때문이랍니다.

해왕성은 2026년 현재 14개 위성을 가진 것으로 알려져 있는데, 그중 트리톤(지름 2,700km)이 가장 큰 위성이고 나머지는 모두 작은 위성들이죠.

해왕성에 하나 특이할 점은 목성에 대적점이 있듯이 해왕성에는 대흑점(大黑點)이 있다는 사실이죠. 1989년 NASA의 보이저 2호가 해왕성 옆을 지날 때 발견한 이 타원형 대흑점은 크기가 13,000×6,600km로, 거의 지구 크기에 맞먹는 해왕성의 고기압성 폭풍이랍니다.

그러나 수백 년 동안 사라지지 않는 목성의 대적점과는 달리 해왕성의 대흑점은 보이저 2호가 처음 발견한 때로부터 5년이 지난 1994년 11월, 허블 우주망원경이 해왕성을 관측했을 때는 대흑점이 사라지고 없었어요. 대신 대흑점과 비슷한 새 폭풍이 해왕성 북반구에서 발견되었죠.

45억km(30AU)나 멀리 떨어진 아득한 태양계의 바깥 변두리를 165년을 주기로 공전하고 있는 해왕성은 지난 2011년 발견 1주기를 맞았어요. 태양 둘레의 멀고 먼 길을 여행한 해왕성이 사람에게 처음 발견된 그 위치로 165년 만에 다시 돌아왔지만, 1주기 전 자신의 발견을 두고 열나게 싸웠던 사람들의 얼굴은 지구상에서 하나도 보지 못했겠죠.

해왕성 관측 포인트

적어도 지름 150mm, 배율 200배 이상으로 봐야 천왕성처럼 푸른 기가 도는 원반을 볼 수 있어요.

명왕성은 왜 행성반에서 탈락했을까요?

2015년 7월 명왕성과 그 위성 카론 옆을 지나는 뉴호라이즌스 호. © NASA

명왕성 너머에서 명왕성보다 더 큰 소행성이 발견된 것이 결정적인 이유입니다. 클라이드 톰보가 70여 년 전 명왕성을 처음 찾았을 때와 같은 방법으로 큰 사냥감을 찾아 헤매던 미국의 천문학자 마이클 브라운은 2003년, 지름 2,300km인 명왕성보다 더 큰 지름 2,600km인 소행성 에리스를 발견했습니다. 그후로도 비슷한 크기의 소행성들이 잇달아 발견됨으로써 국제천문연맹(IAU)은 2006년 행성의 정의를 다음과 같이 정하기에 이르렀습니다.

① 태양을 중심으로 공전할 것. ② 자체 중력으로 유체역학적 평형을 이룰 것. ③ 구(球)에 가까운 형태를 유지할 것. ④ 주변 궤도상의 천체들을 쓸어버리는(충돌, 포획, 기타 섭동에 의한 궤도 변화 등) 물리적 과정이 완료됐을 것.

이 정의에 의거해 2006년 체코 프라하에서 열린 IAU 총회에서 표결에 부친 결과, 명왕성은 행성 반열에서 퇴출되고 왜행성(矮行星, '작은 행성'이란 뜻)으로 분류되었습니다. 궤도를 어지럽히는 얼음 부스러기들을 청소하기에 명왕성은 덩치가 너무 작았던 것입니다. 이리하여 명왕성은 '왜행성134340'으로 바뀌었어요. 톰보가 죽었기에 망정이지, 살아 있었다면 피눈물을 흘릴 일이었죠.

여담이지만, 톰보는 야구선수 유현진이 뛰었던 MBL 다저스팀의 에이스 투수 클레이턴 커쇼의 외할아버지입니다. 그래서 커쇼는 "명왕성은 내 마음의 행성이다"라고 적힌 티셔츠를 입고 TV에 출연한 적도 있습니다. 톰보가 손자의 모습을 보았다면 무척 대견해했을 것 같습니다.

미국 프로야구 LA다저스팀의 투수
클레이턴 커쇼가 입었다는 명왕성 티셔츠.

Chapter 4

우리 모두의 고향인 별

별들 사이의 아득한 거리에는
신의 배려가 깃들어 있는 것 같다.

— 칼 세이건 (미국의 천문학자)

22. 별은 왜 반짝반짝 빛날까요?

지구상에 모습을 드러낸 인류가 밤하늘에서 가장 먼저 본 것은 반짝이는 별들이었을 거예요. 달은 때로는 안 뜨는 적도 있으니까, 동굴 앞에 나와 앉은 원시인들은 주로 밤하늘의 별들을 보며 우주의 기원을 생각하고 상상의 날개를 펼쳐갔겠죠.

그러한 원시인들에게 최초로 떠오른 의문은 아마 이런 게 아니었을까요? 별들은 왜 저렇게 반짝이는 걸까?

그들은 별이 반짝이는 이유를 나름대로 생각해냈는데, 천구 바깥으로 있는 신의 세계에서 흘러드는 불빛이라고 생각했죠. 별을 천구의 구멍이라고 보았던 거죠. 다른 고대인들은 천구 구멍으로 공기가 드나들면서 빛을 내는 것이라고 생각하기도 했어요. 별이 반짝이는 이유는 이처럼 유서 깊은 인류의 궁금증이었죠.

별은 중력으로 뭉쳐진 거대한 수소 공이 그 중심부에서 높은 온도와 압력으로 수소 핵융합을 함으로써 핵에너지를 생산하여 뜨거운 열과 밝은 빛을 내는 천체, 곧 항성(붙박이별)을 말합니다.

별밤 속의 두 별지기

별들이 태어나는 곳은 성운이라고 불리는 원자구름 속이랍니다. 이 구름은 주로 수소로 이루어져 있는 별의 재료라 할 수 있죠.

이윽고 수십 광년 지름의 수소구름들이 중력으로 서서히 회전하기 시작하면 수소구름 덩어리의 중앙에는 거대한 수소 공이 자리잡게 되고, 이것이 점점 단단히 뭉쳐지게 되죠. 그러면 내부 온도는 무섭게 올라가고, 이윽고 온도가 1,000만 도에 이르면 수소원자 4개가 만나서 헬륨핵 하나를 만드는 핵융합 반응이 시작되는 거죠.

다음 순간 여기서 생기는 핵에너지가 가스 공 중심에 반짝 불을 켜게 되고, 그것이 별의 표면으로 나와 아침내 우주로 방출됩니다. 이게 바로 스타

탄생이죠. 밤하늘의 별들도 다 그렇게 빛나는 거죠. 저 하늘에 빛나는 태양도 이런 과정을 거쳐 우리에게 필요한 에너지를 지구로 보내고 있는 거랍니다.

지금 이 순간에도 우리은하 곳곳의 성운에서는 별들이 태어나고 있어요. 지구에서 가장 가까운 별 생성 영역은 오리온자리에 있는 오리온 대성운이죠. 약 1,600광년 거리에 있는 오리온 대성운의 거대한 분자구름 가장자리에 수소와 먼지로 이루어진 빛나는 요람 안에는 지금도 아기별들이 태어나고 있거나 태어나려 하고 있는 중이랍니다.

그런데 사실 별은 반짝거리지 않아요. 별빛이 지구의 대기층을 통과하면서 산란을 일으켜 별이 반짝거리는 것처럼 보일 뿐이죠. 대기가 없는 달에서 우주를 본다면 별은 전혀 반짝거리지 않고 고정된 빛점처럼 보인답니다.

또 하나. 별이나 지구, 달같이 모든 천체가 공처럼 둥근 것은 중력 때문이랍니다. 중력은 중심에서 끌어당기는 힘이니까, 물체의 튀어나온 부분을 마구 잡아당겨 결국 자기 몸을 공처럼 둥글게 만드는 거죠. 이것이 바로 모든 천체가 둥근 이유랍니다.

단, 작은 천체는 감자처럼 울퉁불퉁하기도 해요. 덩치가 작아 중력이 약한 바람에 제 몸을 둥글게 뭉칠 힘이 없기 때문이죠. 화성의 작은 두 달인 포보스와 데이모스는 공처럼 매끈하게 둥글지 않고 꼭 못난이 감자처럼 생겼답니다.

23. 별도 우리처럼 태어나고 죽는답니다

아기별들이 수소 구름 속에서 태어난다는 건 앞에서 얘기했죠. 이렇게 태어난 별들은 맨 처음엔 수소를, 그다음으로는 헬륨, 네온, 마그네슘 등등, 원소번호 순서대로 원소들을 태우는 핵융합으로 에너지를 만들면서, 짧게 는 몇백만 년, 길게는 몇백억 년까지 산답니다.

이 별들도 나이를 먹고 늙어가다가 죽음을 맞는 것은 사람과 다를 게 없 는 거죠. 그런데요, 별들이 나이를 먹는 데 아주 재미있는 사실이 하나 있답 니다.

덩치가 큰 별일수록 수명이 짧다는 사실입니다. 왜냐하면, 덩치가 크다 는 것은 중력이 크다는 뜻이고, 중력이 크면 별 속에서 핵융합 속도가 엄청 빨라지게 된답니다. 말하자면 자신의 땔감을 아주 빨리 태워버리는 셈이죠. 우리 태양만 한 별은 약 100억 년 정도 살 수 있지만, 큰 별들은 1억 년도 못 사는 경우가 많아요.

한 가지 예로, 오리온자리에 보면 베텔게우스라는 초거성이 있는데, 별 자리의 왼쪽 위 모퉁이에 벌겋게 보이는 1등성이랍니다. 이 별의 크기가 무 려 태양의 약 900배인데, 나이는 730만 살밖에 되지 않았다네요. 그러니까

게 성운(M1). 황소자리 방향에 있는 초신성 잔해로, 1054년에 폭발한 초신성이다.

1,000만 년도 채 못 살고 죽음을 앞두고 있는 셈이죠. 사람도 너무 몸집이
크면 오래 못 산다고 합니다. 그러니까 몸집이 좀 작다고, 키가 작다고 실망
할 필요는 없지 않을까요?

  처음 태어난 별이 수소부터 태우기 시작하면서 별의 일생을 사는 동안
별의 내부에는 무거운 원소층들이 양파껍질처럼 켜켜이 쌓이죠. 핵융합 반

응은 마지막으로 별의 중심에 철을 남기고 끝난답니다. 철보다 더 무거운 원소를 만들어낼 수는 없기 때문이죠.

별의 종말을 결정하는 것은 단 하나인데, 바로 그 별의 덩치, 곧 질량이랍니다. 작은 별들은 조용한 죽음을 맞지만, 태양보다 10배 이상 무거운 별들에게는 매우 다른 운명이 기다리고 있답니다. 이러한 별들은 속에서 핵융합이 단계별로 진행되다가 마지막에는 장렬한 대폭발로 일생을 마감하죠. 이것이 이른바 바로 '슈퍼노바(Supernova)', 곧 초신성(超新星)* 폭발이라는 겁니다.

덩치가 작은 별은 조용한 죽음을 맞는데, 종말에 가까워질수록 별의 온도가 높아가고 몸피는 점점 불어난답니다. 그러다 최후에는 넓게 퍼진 표면 가스가 광대한 우주공간으로 흩어지고, 그 후에 중심부의 타다 남은 찌꺼기만 남게 되는데, 이 찌꺼기가 이윽고 빛을 내지 않게 되면, 여기에서 별은 그 생애를 마치게 되는 거죠. 사람으로 치면 임종하는 셈이죠.

우리 지구에 에너지를 공급하여 따뜻하게 해주는 태양도 언젠가는 이렇게 차가운 별의 찌꺼기로 변해 마지막을 맞게 될 거랍니다. 태양이 그렇게 되려면 앞으로 50억 년이나 60억 년쯤이 걸린다고 하니, 100년을 채 못 사는 우리로서는 그렇게 걱정할 일이 못 될 것 같네요.

지금도 밤하늘에서는 죽어 가고 있는 별의 모습을 볼 수 있는데, 유명한

---

* 초신성(超新星) : 보통 신성보다 1만 배 이상의 빛을 내는 신성. 질량이 큰 별이 진화하는 마지막 단계로, 급격한 폭발로 엄청나게 밝아진 뒤 점차 사라진다.

거문고자리의 가락지 성운이라든가, 독수리자리의 6781번 성운, 작은여우자리의 아령성운, 이른바 행성상 성운으로 불리는 것들이 바로 그들입니다.

이들 성운을 자세히 관찰해 보면, 주위로 둥글게 가스가 퍼져 있고 한가운데까지는 찌꺼기인 별이 남아 있는 것을 찾아볼 수 있답니다. 이것이 바로 '백색왜성'이라고 불리는 특별한 별이죠. 백색왜성이 이윽고 빛을 잃으면 암흑성이 되는데, 그 무렵이면 주위를 둘러싼 가스도 모두 우주공간으로 흩어져 사라져버리지요. 별의 시체라고 볼 수 있는 이런 암흑성이 우주공간에는 아주 많이 있답니다.

그다음, 덩치가 태양보다 10배 이상 큰 별들의 종말은 아주 다른 광경을 연출하죠. 거대한 별이 마지막 한순간에 대폭발로 자신을 이루고 있던 온 물질을 우주공간으로 폭풍처럼 내뿜어버리는 거죠.

이때 태양 밝기의 수십억 배나 되는 빛으로 우주공간을 밝힙니다. 빛의 강도는 수천억 개의 별을 가진 온 은하가 내놓는 빛보다 더 밝죠. 우리은하 부근이라면 대낮에도 맨눈으로 볼 수 있을 정도랍니다. 이처럼 초신성 폭발은 우주의 최대 드라마죠. 그러나 사실은 신성(新星)이 아니라 늙은 별의 임종인 셈이죠.

24. 별은 우주의 주방장

어쨌든 장대하고 찬란한 별의 여정은 대개 이쯤에서 끝나지만, 그 뒷담화가 어쩌면 우리에게 더욱 중요할지도 모른답니다. 삼라만상을 이루고 있는 92개의 자연 원소 중 수소와 헬륨 외에 철까지는 모두 별이 만든 거랍니다. 이처럼 별은 우주의 주방이라 할 수 있죠.

그럼 철보다 무거운 중원소들은 어떻게 만들어졌을까요? 바로 초신성 폭발 때 엄청난 고온과 고압으로 순식간에 만들어진 거랍니다. 이처럼 초신성은 연금술사라고 할 수 있죠.

중원소들은 초신성 폭발 때 순간적으로 만들어지는 만큼 많이 만들어지지는 않죠. 그러니까 귀하죠. 바로 이것이 금이 철보다 비싼 이유랍니다. 엄마, 아빠의 손가락에 끼어져 있는 결혼 금반지는 두말할 것도 없이 초신성 폭발에서 나온 것으로, 지구가 만들어질 때 섞여들어 금맥을 이루고, 그것을 광부가 캐어내 가공된 후 금은방을 거쳐 엄마, 아빠의 손가락에 끼어진 거죠.

이건 공상이나 소설이 아니라, 엄연한 사실이랍니다. 지구상에서는 아무리 애를 써도 다른 원소로 금을 만들 수 없답니다. 왜냐하면, 초신성 폭발

별과 은하수와 숲.

같은 엄청난 온도와 압력을 지구상에서는 도저히 만들 수 없기 때문이죠.
그러니까 옛날 연금술사들이 금을 만들려고 죽도록 고생한 것은 다 공연한
헛수고에 지나지 않았다는 거죠.

이처럼 적색거성이나 초신성이 최후를 장식하면서 우주공간으로 뿜어낸 별
의 찌꺼기들은 성간물질이 되어 떠돌다가 다시 다른 별들을 만들기도 하죠.
죽은 별이 다시 생명을 얻어 환생하는 거죠. 이것을 별의 윤회라 한답니다.

그런데 이보다 더 중요한 것은, 사람의 몸을 구성하는 모든 원소들, 곧
피 속의 철, 이빨 속의 칼슘, 유전자 속의 질소, 갑상선의 요드 등 원자 알갱
이 하나하나는 모두 별 속에서 만들어졌다는 사실이죠. 수십억 년 전 초신
성 폭발로 우주를 떠돌던 별의 물질들이 뭉쳐져 지구를 만들고, 이것을 재

료삼아 모든 생명체들과 사람을 만든 거랍니다.

이건 무슨 비유가 아니라, 과학이고 사실 그 자체죠. 그러니까 우리는 알고 보면 어버이 별에게서 몸을 받아 태어난 별의 자녀들인 거죠. 말하자면 우리는 별먼지로 만들어진 '메이드 인 스타(made in stars)'인 셈이죠. 어때요? 멋지지 않아요?

이게 바로 별과 사람의 관계, 우주와 나의 관계인 거죠. 이처럼 우리 모두는 우주의 일부분이랍니다. 그래서 우리은하의 크기를 최초로 잰 미국의 천문학자 할로 새플리(1885~1972)는 이렇게 말했죠.

"우리는 뒹구는 돌들의 형제요 떠도는 구름의 사촌이다."

이런 마음으로 오늘 밤 바깥에 나가 하늘의 별을 한번 봐보세요. 그러면 그 별들은 그전에 보던 별과는 좀 다르게 보일 거예요. 그리고 저 아득한 높이에서 반짝이는 별들에 그리움과 사랑스러움을 느낄 수 있다면, 여러분은 진정 우주적인 사랑을 가슴에 품은 사람이라 할 수 있겠죠.

평생 같이 별을 관측하다가 죽어서 나란히 묻힌 어느 두 별지기의 묘비에 이런 글귀가 적혀 있다고 합니다.

"우리는 별들을 무척이나 사랑한 나머지 이제는 밤을 두려워하지 않게 되었다."

25. 별에게도 '계급'이 있다고요?

별의 계급을 등급이라 합니다. 이 계급은 밝기에 따라 붙여지는 거죠. 밝기 순으로 1등성, 2등성, 3등성… 하는 식으로 별의 등급을 제일 먼저 붙인 사람은 기원전 2세기경 고대 그리스의 천문학자 히파르코스(BC 190~120)였어요.

히파르코스는 별의 밝기에 따라 6개 등급으로 분류했죠. 눈으로 보았을 때 가장 밝은 별을 1등급, 가장 어두운 별을 6등급으로 정한 후, 그 사이의 별들을 2~5등급으로 나누었어요.

이 등급은 300년 후 프톨레마이오스에 의해 약간 개선된 후 줄곧 사용돼 오다가, 17세기 초 망원경이 발명되어 6등급 이하의 어두운 별까지 볼 수 있게 되자 보다 과학적인 방법으로 등급을 손질할 필요성이 생겼죠.

1856년 영국 천문학자 노먼 포그슨은 1등성의 밝기는 6등성의 밝기의 100배와 같다는 윌리엄 허셜의 발견을 재확인하여 별의 등급에 값을 매겼죠.

이에 따르면, 5등급의 차는 밝기가 100배 차이 나므로, 1등급의 차는 약 2.5배 밝기 차에 해당하는 것을 알 수 있죠. 곧, 2.5의 5 제곱은 100이란 말

고대 세계의 최고 천문학자 히파르코스

이죠. 이를 근거로 현대 천문학에서는 6등급을 1등급보다 100배 어두운 별로 정의한답니다.

하지만 실제 별 관측에서는 1등성보다 밝은 별들도 모두 1등성에 포함시켜, 온 하늘에서 가장 밝은 -1.5등성 시리우스도 1등성으로 치죠. 고대 이집트에서는 해 뜨기 전 이 별이 뜨면 곧 나일강의 범람이 시작된다는 것을 알았다고 합니다.

이 같은 등급을 적용하면 맨눈으로 보이지 않는 어두운 별이나 1등성보다 훨씬 밝은 천체에 대해서도 등급을 매길 수 있게 되죠. 1등성보다 밝기가 2.5배가 될 때마다 0등성, -1등성, -2등성이라는 식으로 나타낼 수 있게 됩니다. 그렇게 하면 금성은 -4.7등성, 목성은 -2.8등성, 보름달은 -12등성의 밝기를 가진 것으로 나옵니다.

이렇게 맨눈으로 측정했을 때의 별의 밝기 등급을 겉보기 등급 또는 실시등급이라 하는데, 별의 거리와는 상관없는 밝기죠. 별의 밝기를 정한 등급도 절대등급이 아니라 겉보기 등급이랍니다.

절대등급은 항성의 본래 밝기이며, 지구로부터 10파섹*의 거리에 두었다고 가정했을 때의 밝기랍니다. 예컨대, 태양의 절대등급은 4.8등급, 겉보기 등급은 -27등급이라는 식이죠.

참고로, 남북 온 하늘에 1등성은 21개 있는데, 밝기가 -1.5에서 1.3까지 폭을 가지고 있죠. 그중 정확히 1등성 밝기 값을 가진 별은 처녀자리의 스피카와 거문고자리의 베가랍니다.

* 파섹(parsec) : 천문학에서 사용하는 거리의 단위로, 기호는 pc. 지구에서 6개월의 시차를 두고 관측했을 때 연주시차가 각거리로 1″(초)인 곳까지의 거리를 의미한다. 1파섹은 3.26광년, 206,265AU, 약 30조km다.

26. 별들은 얼마나 멀리 있을까요?

별들은 지구에서 보았을 때의 밝기로 등급이 결정됩니다. 그렇다면 지구에서 보았을 때 더 밝은 별이 실제로도 더 밝을까요? 꼭 그렇지는 않아요. 실제 별들은 각기 그 크기가 다릅니다. 또 그 표면 온도도 달라서 밝기도 달라지죠.

우주에는 태양보다 수천 배나 밝은 별도 있고, 태양보다 수백 배 어두운 별들도 있답니다. 또, 같은 별이라도 가까이에서 보면 더 밝게 보이고, 멀리서 볼수록 더 어둡게 보이기 때문에, 거리에 따라서도 밝기가 달라져 보이죠. 이것은 멀리 있는 가로등은 어둡게 보이고, 가까이 있는 가로등은 밝게 보이는 것과 같은 이치죠.

그렇다면 별들은 얼마나 멀리 떨어져 있을까요? 별들은 우리가 상상하기 힘들 만큼 멀리 떨어져 있답니다. 그 거리는 너무나 멀어서 흔히 우리가 쓰는 '킬로미터'라는 단위로는 도저히 나타내기가 어렵죠. 그래서 별까지의 거리는 광년이란 단위를 쓴답니다. 1초 동안에 30만km를 나아가는 빛이 1년 동안 나아가는 거리를 1광년이라고 합니다. 미터법으로는 약 10조km가 되죠.

우리가 익히 들어서 알고 있는 직녀성은 거문고자리의 베가 별을 가리키는 것인데, 지구에서 직녀성까지의 거리는 무려 26광년이나 된답니다. 그처럼 빠른 빛이 밤낮을 쉬지 않고 26년 동안 달려야 닿을 수 있는 거리이니, 그것이 얼마나 먼 거리인지 상상이 잘 안 되죠.

그러니까 여름날 초저녁에 하늘 높이 하얗게 빛나는 직녀성은 사실 26년 전의 모습인 거죠. 26년 전에 그 별에 출발했던 빛을 이제야 우리가 보고 있는 거란 뜻이죠. 따라서 직녀성이 갑자기 사라져버린다면 지구에서는 26년 후에야 비로소 그 별이 없어졌다는 사실을 알 수 있답니다.

밤하늘에 빛나는 별 중에서 우리 지구에서 가장 가까운 별은 무엇일까요? 센타우루스자리 프록시마 별이 가장 가까운 별이랍니다. 거리는 약 4.2광년이죠.

이 별은 사실 크기나 밝기에 있어 태양과 아주 비슷한 별이랍니다. 그럼에도 불구하고 11등성으로 보이는 것은 4.2광년이란 먼 거리에 있기 때문이죠. 만일 이 별이 태양처럼 빛으로 8분 거리에 있다면 태양과 똑같은 밝기로 빛날 겁니다. 반대로 프록시마 별에서 태양을 본다면 역시 11등성의 아주 희미한 별로 보이겠죠.

우리는 여기서 대낮에 밝고 뜨겁게 빛나는 거대한 태양도 우주 전체에서 본다면 하나의 평범한 별에 지나지 않는다는 사실을 짐작할 수 있답니다.

직녀성은 지구에서 볼 때는 0등성에 해당하지만, 사실은 태양 지름의 3

별들이 태어나고 있는 오리온 대성운. 나비처럼 보이지만 너비가 24광년이다.

배나 되는 큰 별이랍니다. 지구로부터 26광년이라는 먼 거리에 있기 때문에 우리 눈에는 다만 0등성으로 보일 뿐이죠. 이 별이 만약 태양과 같은 거리에 있다면 그 빛이 너무나 뜨거워 지구에서는 사람이 살 수 없을 거예요.

이처럼 별은 태양보다 큰 것도 있고 작은 것도 있어요. 그럼 태양은 어느 정도의 크기에 속하는 별일까요? 별 전체 속에 태양을 놓고 본다면 중간에 약간 못 미치는 크기의 별이라고 할 수 있죠. 하지만 태양보다 작은 별은 망원경이 아니면 잘 보이지 않기 때문에, 일단 우리 눈에 보이는 밤하늘의 별들은 대개가 태양보다 몇십 배, 또는 몇백 배 큰 것이라고 생각하면 됩니다.

어떤 별은 태양에 비교할 수도 없을 만큼 엄청나게 큰 것도 있답니다. 예를 들어 오리온자리의 1등성 베텔게우스라는 별은 태양에 비해 무려 900배나 되는 큰 별인 초거성이랍니다. 그래서 태양이 이 별의 중심에 있다고 하면, 지구나 화성도 이 별 안에 들어가고 말 정도죠.

27. 별과 모래, 어떤 게 더 많은가요?

밤하늘의 별들도 다 제각각이죠. 이런 별들이 수없이 많이 모여서 만들어진 것이 바로 은하랍니다. 은하는 말하자면 별들의 도시인 셈이죠. 이 은하들이 모여 대우주를 이루고 있는 거죠.

우리가 사는 이 은하를 흔히 '우리은하'라 부르지만, 여러분이 모두 이름을 가지고 있듯이 우리은하도 이름이 있답니다. '미리내'가 우리은하 이름입니다. 무슨 뜻이지? '미리'는 '용'의 우리 옛말 '미루'에서 나왔고요, '내'는 작은 강이라 뜻이죠. 우리 옛 조상님들은 은하수를 미리내라고 불렀죠. 그러니까 우리은하는 미리내 은하인 거죠. 서양에서는 밀키 웨이(Milky Way)라 하죠.

우리 태양은 그중 가장 평범한 별의 하나랍니다. 크기는 중간에 좀 못 미친다고 합니다. 밤하늘에 보이는 별들은 대개 태양보다 몇십 배 내지 몇백 배 큰 별이랍니다. 태양이 태양인 이유는 딱 한 가지인데, 그건 우리와 아주 가깝게 있다는 사실뿐이랍니다.

과연 지구의 모래와 우주의 별은 어떤 게 더 많을까요? 놀랍게도 지표에 있는 모든 모래알 수보다 우주의 별이 더 많다는 천문학자의 계산서가 나

온 우주에는 태양 같은 별이 지구의 모든 모래알 수보다 대략 10배는 더 많다.

와 있답니다.

온 우주의 별을 다 계산한 사람들은 호주국립대학의 사이먼 드라이버 박사와 그 동료들인데, 이들은 우주에 있는 별의 총수는 7×10^{22}(700해) 개라고 발표했어요. 이 숫자는 7 다음에 0이 22개 붙는 수로서, 7조 곱하기 1백억 개에 해당하는 어마무시하게 큰 수랍니다.

온 우주의 별 수인 700해라는 숫자의 크기는 어떻게 해야 실감할 수 있을까요? 어른이 양손으로 모래를 퍼담으면 그 모래알 숫자가 약 800만 개

정도 된답니다. 그렇다면 해변과 사막의 면적을 조사하면 그 대강의 모래알 수를 얻을 수 있는데, 계산에 의하면 지구상의 모래알 수는 대략 10^{22}(100해)개 정도로 나와 있다고 하네요.

따라서 우주에 있는 모든 별들의 수는 지구의 모든 해변과 사막에 있는 모래 알갱이의 수인 10^{22}개보다 7배나 많다는 뜻이죠. 이 우주에 그만한 숫자의 '태양'이 타오르고 있다는 말이죠. 그런데 호주팀이 센 이 엄청난 별의 숫자는 물론 별을 하나하나 센 것이 아니라, 강력한 망원경을 사용해 하늘의 한 부분을 표본검사해서 내린 결론이랍니다.

드라이버 박사는 우주에는 이보다 훨씬 더 많은 별이 있을 수 있지만, 7×10^{22}이라는 숫자는 현대의 망원경으로 볼 수 있는 우주의 지평선 안에 있는 별의 총수라고 해요.

28. 밤하늘에서 맨눈으로 볼 수 있는 별은 몇 개?

6등성까지가 맨눈으로 관측 가능하니까, 온 하늘에서 6등성까지의 별의 개수를 세어보면 되죠.

먼저 1등성이 21개, 2등성이 48개, 3등성이 171개, 4등성이 513개, 5등성이 1,602개, 6등성이 4,800개로, 모두 합한 7,100여 개가 맨눈으로 볼 수 있는 별의 개수가 됩니다. 하지만 우리는 하늘의 반, 곧 북반구 하늘만 볼 수 있으므로, 그 반인 약 3,500개의 별을 볼 수 있다는 계산이 나옵니다.

그러나 이것은 이론적인 수치일 뿐, 실제로는 지평선 부근의 별은 잘 안 보이므로, 보이는 별은 대략 2,500개 정도 되죠. 단, 이것은 빛공해가 거의 없는 남미의 아타카마 사막 같은 곳에서의 얘기고, 요즘처럼 불야성을 이루는 서울 같은 대도시에서는 1~2등성 몇 개를 볼 수 있는 것이 고작이죠. 어두운 도시근교나 시골 같은 곳이라면 3등성까지 수백 개 정도 볼 수 있을 겁니다.

우리나라에서 1년 동안 밤하늘에서 볼 수 있는 1등성의 개수는 17개랍니다. 맨눈으로 볼 수 있는 가장 가까운 별은 리길 켄트(센타우루스자리 알파별)로, 거리는 4.4광년이죠.

칠레 파라날 천문대의 은하수. 왼쪽으로 황도광도 보인다. ⓒ ESO

참고로, 우리나라가 이탈리아와 함께 세계에서도 빛공해가 가장 심한 나라 중의 하나죠. 구미 선진국들은 이미 야간조명을 최소화하고 빛을 우주로 발산시키지 않는 법적 조치를 취하고 있지만, 우리나라는 이제 겨우 발걸음을 떼고 있는 형편이죠. 그래서 별지기들도 점점 더 깊은 산속으로, 오지로 내몰리고 있는 실정이랍니다.

현재 우리나라에서 은하수를 볼 수 있는 지역은 극히 한정적인데, 강원 영월 별마로천문대, 양양 별빛보호지구, 강릉 안반데기, 경기 철원 백마고지, 충북 보은 원정리, 경기 양평군 중미산천문대, 경남 합천 황매산, 경북 영천 보현산천문대 주차장, 그리고 서해 도서 지역 등이 비교적 빛공해가 적어 별과 은하수 관측의 명소로 알려져 있죠.

29. 지구촌 밤하늘의 '유명 스타' 아세요?

남·북반구 다 합해서 별자리 수는 88개이고, 1등성의 개수는 21개밖에 안 된답니다. 우리나라에서는 1등성이 15개만 보이는데, 그중 절반이 넘는 8개가 겨울철에 뜨죠. 그러니까 우리 머리 위 밤하늘의 '유명 스타'는 정말 한 줌밖에 안 되는 셈이죠.

하지만 그 면면을 살펴보면 우리가 관심 기울일 만한 사연과 내용, 자격을 갖춘, 그야말로 한가락 하는 '유명 스타'들이죠. 모르고 살면 억울할 그들의 별 세계로 들어가 봅시다.

▎북극성(Polaris)

태양 다음으로 인류에게 가장 친숙한 별인 북극성(Pole Star)은 지구 자전축을 연장했을 때 천구의 북극에서 만나는 별이죠.

작은곰자리의 알파별인 북극성은 비록 2등성이지만, 지난 2,000년 동안 북극에서 가장 가까운 곳에서 밝게 빛나는 별로서, 오랜 옛날부터 항해자와 육로 여행자에게는 방향과 위도를 알려주는 길잡이별이었죠. 폴라리스(Polaris)라는 영어 이름을 가진 북극성은 길잡이별이 되기에 여러 가지 좋은 조건을 갖추고 있답니다.

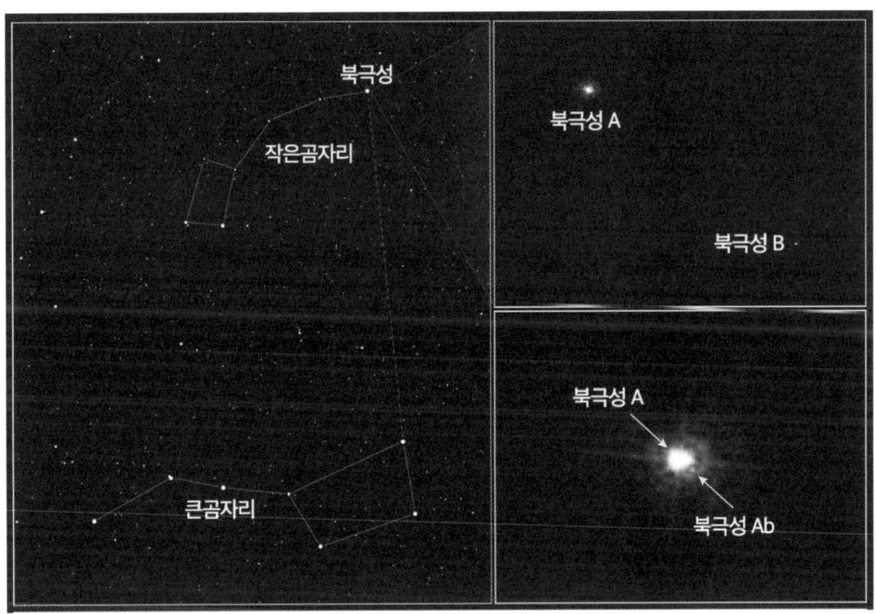

허블 우주망원경으로 본 북극성. © NASA

천구 북극에서 불과 1도 떨어져 작은 반지름을 그리며 일주운동을 하고 있다는 점, 2.5등성으로 비교적 밝은 별이라는 점을 들 수 있고, 또 무엇보다 엄청난 하늘의 화살표, 북두칠성이 북극성을 가리키고 있어 찾기 쉽다는 점이죠. 북두칠성에서 북극성을 찾는 방법은, 국자 모양의 끝부분 두 별의 선분을 5배 연장하면 바로 북극성에 닿게 됩니다.

북극성을 찾을 수만 있다면 지구상 어디에 있든 자신의 위치를 가늠할 수 있죠. 북극성을 올려본각이 바로 그 자리의 위도와 거의 일치하기 때문이죠. 예컨대 북위 38도선, 위도선 하나를 사이에 두고 양쪽에서 서로 총을 겨누고 있는 우리나라의 현실에서 강화도나 휴전선 인근(북위 38도 부근)에서 북극성을 바라본다면 지평선에서 약 38도 위쪽에 위치합니다. 따라서 그곳의 위도는 북위 38도이고, 이로써 동서남북을 알 수 있게 되는 거랍니다. 인류 역사상 수많은 항해자와 조난자들이 이처럼 북극성을 보고서 자신의 활로를 찾아갔답니다.

북극성이 인류에게 베푼 고마움은 이뿐이 아니랍니다. 고대인들은 이 북극성으로 인해 자신들이 살고 있는 지구가 공처럼 둥글다는 것을 알았죠. 북쪽으로 올라갈수록 북극성의 올려본각이 커지는 것을 보고는, 이 평평하게 보이는 지구가 사실은 공처럼 둥글다는 사실을 깨달았답니다.

북극성의 생얼굴을 좀더 살펴본다면 놀라지 마세요, 크기는 태양의 30배, 밝기는 태양의 2,000배인 초거성이자 동반별 2개를 거느리고 있는 세페이드형 변광성*이랍니다. 그러니까 3개의 별이 하나처럼 보이는 거죠.

북극성까지의 거리는 약 430광년입니다. 오늘 밤 여러분이 보는 북극성의 별빛은 조선의 임진왜란 때쯤 출발한 빛인 셈이죠.

| 시리우스(Sirius)

온 하늘에서 태양 다음으로 가장 밝은 별로 -1.5등성이죠. 큰개자리의 알파별인 시리우스는 서양에서는 개별(Dog Star)이라 하고 동양에서는 늑대별(天狼星)이라 불렀어요. 큰개나 늑대나 그게 그거죠. 동서양을 막론하고 사람 느낌은 크게 다르지 않은 모양입니다.

---

* 세페이드형 변광성(Cepheid variable) : 세페우스 자리를 대표로 하는 맥동 변광성으로, 주기는 1일 미만부터 50일 정도이며, 변광 주기가 길수록 밝아서 주기-광도 관계로 표시할 수 있다.

늑대 눈처럼 시퍼렇게 보이는 시리우스는 사실 쌍성으로, 그중 밝은 별은 태양보다 23배나 더 밝아요. 별은 생각보다 사교적이랍니다. 하늘에 떠 있는 별의 1/2 가량이 쌍성인 것으로 보아 그렇다는 말이죠.

고대 이집트에서는 이 별이 일출 직전에 동쪽에서 떠오를 무렵 어머니 강인 나일강의 홍수가 시작되었기 때문에, 이로써 1년의 시작으로 삼았습니다. 그리고 유명한 이시스 신전(Temple of Isis)도 시리우스의 출몰 방향에 맞추어서 지어졌답니다.

겨울철에 이 별을 찾기는 아주 쉬워요. 오리온자리의 동쪽에 떠오르는 가장 눈부신 별이 바로 시리우스죠. 크기는 태양의 약 2배이고, 거리도 가까워 8.6광년밖에 안 되죠. 태양에서 5번째로 가까운 별이랍니다.

1862년에는 동반성 시리우스 B가 발견되었는데, 처음으로 발견된 백색왜성이죠. 백색왜성은 반지름이 작은 고밀도의 별로, 표면 중력은 놀랄 만큼 큰데, 시리우스 동반성의 표면 중력은 지구의 5만 배나 된답니다.

| 직녀성(Vega)

흔히 '베가'라고 부르는 직녀성은 거문고자리의 알파별로, 광도는 0.0등, 겉보기 등급 순에서 5번째로 밝은 별이죠. 북반구 하늘만을 한정할 경우 큰개자리의 시리우스, 목자자리의 아르크투루스에 이어 세 번째로 밝은 별입니다.

지름은 태양의 약 3배, 질량은 태양의 약 2배, 밝기는 태양의 약 37배랍니다. 청백색으로 매우 밝게 빛나 '하늘의 아크등'이라는 별명을 가지고 있죠.

지구촌 밤하늘에서 가장 아름다운 쌍성 알비레오 A와 B.

독수리자리의 알타이르(견우성), 백조자리의 데네브와 함께 여름의 대삼각형을 이룹니다. 지구의 세차운동으로 베가는 기원전 1만 2,000년까지 북극성이었으며, 다시 서기 1만 4,000년경에 북극성으로 등극합니다. 참고로, 베가라는 이름은 아랍어로 '하강하는 독수리'라는 뜻이죠.

▎알비레오(Albireo)

백조자리의 β별로 백조의 부리 부분에 자리하는 쌍성입니다. 견우성과 직녀성의 사이, 은하의 중앙부에 있는 오렌지색의 밝은 별과, 그 바로 북동쪽에 있는 남색의 쌍성을 가리키죠. 오렌지색 별은 광도 3.2등성, β1이라고 하며, 남색 별은 광도 5.7등성, β2라고 부르죠. 두 별은 각도 35" 떨어져 있

황소자리에 있는 플레이아데스. '좀생이'라고도 불린다.

어 작은 망원경으로도 알아볼 수 있으며, 남중은 8월 하순 오후 9시입니다. 두 별의 뚜렷한 색깔 대비로 지구촌 밤하늘에서 가장 아름다운 쌍성으로 꼽히죠. 거리는 385광년입니다.

| 좀생이별(Pleiades)

흔히 '플레이아데스'라고 불리는 좀생이별은 하나의 별이 아니라 성단 (M45)입니다. 비교적 젊은 수백 개의 청백색 별들로 구성된 대표적인 산개 성단이죠. 지구로부터 410광년 떨어져 있어요. 황소자리에 있는 플레이아 데스는 성단 전체를 둘러싼 엷은 성간 가스가 별빛을 반사해 신비스럽게 보이는 탓으로 천체 사진가들의 인기 품목이랍니다. 맨눈으로도 3~5등의 별을 7개쯤 볼 수 있는데, 이 7개의 별을 '7자매별'이라고 부르기도 하죠.

좀생이별을 찾기는 아주 쉬워요. 별자리 앱을 스마트폰에 깔았다면 그걸 밤하늘에 겨눠 황소자리를 찾은 다음, 그 근처를 둘러보면 별들이 오종종 모여 있는 빛뭉치가 금방 눈에 띄는데, 그게 좀생이별이죠. 쌍안경으로 보면 그 환상적인 아름다움에 금방 빠져들어 결코 잊혀지지 않죠.

| 베텔게우스(Betelgeuse)

지구촌 밤하늘에서 현재 가장 주목받고 있는 별이죠. 이 별이 죽을 때가 가까운데, 조만간 초신성으로 폭발할 거라는 천문학자들의 예고가 나왔기 때문이랍니다. 물론 우주 스케일에서 말하는 '조만간'이란 오늘이나 내일일 수도 있지만, 때로는 수천 혹은 수만 년 이후가 될 수도 있죠.

베텔게우스는 오리온자리의 알파별로, 왼쪽 위 꼭짓점에 있어요. 엄청난 적색 초거성으로 지름이 태양 크기의 900배나 된답니다. 만약 베텔게우스를 태양 자리에 끌어다놓는다면 목성 궤도까지 잡아먹을 거예요. 밝기는 태양의 50만 배, 거리는 640광년이죠. 그러니까 요즘 보는 베텔게우스 별빛은 조선의 이성계가 위화도에서 군대를 돌리던 무렵 그 별에서 출발한 빛인 셈이죠.

베텔게우스가 폭발한다면 지구에는 어떤 영향을 미칠까요? 나이가 850만 년인 이 늙은 거성은 중심에서 연료가 소진되면 내부로부터 붕괴돼 엄청난 폭발과 함께 마지막 빛을 발하게 됩니다.

이때 우리는 약 1~2주간 밤하늘에서 믿기 어려울 정도의 밝은 빛을 목격하게 될 거예요. 초신성이 폭발하면서 발하는 빛은 몇 주일에 걸쳐 밤을 낮

오리온자리의 알파별인 베텔게우스는 밝기가 변하는 변광성이다. 왼쪽 사진 상부는 밝았을 때이고,
오른쪽 사진 상부는 2019년 말부터 2020년 초에 걸쳐 어두워졌을 때이다.

처럼 만들고 마치 하늘에 2개의 태양이 떠 있는 것과 같은 장면을 연출하게
되죠. 이후 몇 달간 서서히 빛이 사그라져 결국에는 성운이 될 겁니다. 지구
에서 워낙 멀리 떨어져 있어 지구가 직접 그 영향을 받을 가능성은 거의 없
다고 하네요.

이 위기의 별의 정확한 폭발 시점은 알 수 없지만, 100년 안에 터질 거라는
예측도 있어요. 만약 현장에서 640년 전에 별이 폭발했다면 우리는 우리은하
에서 400년 만에 터지는 초신성을 볼 수 있는 행운을 누리게 된답니다.

| 북두칠성(Big Dipper)
하늘에서 두 번째 가라면 서러워할 유명 스타 군단이 바로 북두칠성이

죠. 아무리 별자리에 무심한 사람이라도 북두칠성은 다들 알고 있겠죠. 북쪽 하늘에 자루 달린 큼직한 국자 모양의 별자리를 어찌 모를 수가 있겠어요.

하지만, 사실 북두칠성은 그 자체로 하나의 별자리가 아니랍니다. 큰곰자리의 꼬리 부분에 해당하는 국자 모양의 7개의 별을 가리키는 거죠. '북두(北斗)'는 '북쪽 됫박'이란 뜻이고, 서양에서는 '큰 국자'라는 뜻으로 빅디퍼(Big Dipper)라고 하죠.

한국과 중국에서는 예로부터 인간의 수명을 관장하는 별자리로 여겼어요. 사람이 죽으면 칠성판 위에 누이는 것도 같은 맥락이죠. 또, 우리 조상들은 북두칠성을 신성하게 여겨 신앙의 대상으로 삼기도 했어요. '칠성단을 쌓고 칠성님께 비나이다'의 그 '칠성'은 북두칠성을 일컫는 거랍니다.

특히 고구려인들은 자신들이 북두칠성의 자손, 곧 천손(天孫)으로 여기는 칠성 신앙을 갖고 있었죠. 그래서 왕릉이나 옛무덤 속 천장 벽화에 북두칠성을 즐겨 그렸답니다.

북두칠성을 이루는 7개의 별은 모두 2등 내외의 밝은 별로, 예로부터 항해할 때 길잡이 별로 인류에게는 친근한 별들이죠. 또한 됫박 끝의 두 별을 잇는 선분을 5배 연장하면 바로 북극성에 닿으므로, 두 별을 지극성(指極星)이라고 부르죠.

그런데 사실 북두칠성은 7개 별이 아니라 8개 별로, 북두팔성이라 불러

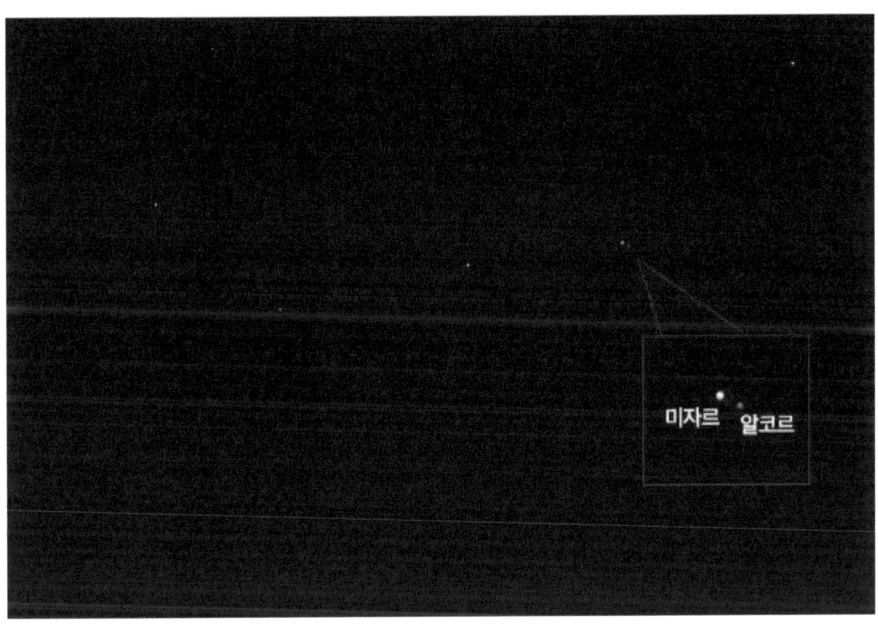

북두칠성의 미자르와 알코르는 안시 쌍성을 형성하고 있다. 둘 중 밝은 쪽이 미자르. © Wikipedia

야 마땅하죠. 위 사진에서 자루 끝에서 두 번째 별을 자세히 보세요. 미자르라는 이름의 별인데, 그 옆에 알코르라는 작은 별 하나가 더 붙어 있어 이중성을 이루고 있어요. 하지만 두 별은 시선 방향에서만 붙어 보일 뿐, 사실은 1.1광년 이상 떨어져 있죠. 이를 안시쌍성(眼視雙星)이라 합니다.

알코르는 4등성이지만, 2등성 미자르에 딱 붙어 있는 이것을 보려면 시력이 1.5 이상 되어야 합니다. 1.0의 경우에는 어렴풋이 보이고, 0.7 이하는 아예 볼 수 없죠. 그래서 옛날 로마의 모병관들이 식민지 젊은이들에게 급료와 로마 시민권을 미끼로 군인을 뽑을 때 이 별을 시력 측정용으로 이용했답니다.

오늘 밤에라도 바깥에 나가 북두칠성을 한번 바라보세요. 미자르와 알코르가 떨어져 보이지 않고 하나로 보인다면 로마군 모병관은 여러분을 바로 귀가 조치시킬 겁니다.

| 아르크투루스(Arcturus)

북두칠성의 손잡이 곡선을 한참 따라가다 보면 밝은 오렌지색 별 하나가 마중 나옵니다. 바로 목자자리의 알파별 아르크투루스죠. -0.1등성으로 하늘에서 세 번째로 밝은 별이랍니다.

아르크투루스란 말은 '곰을 지키는 사람'이라는 뜻의 그리스 말이죠. 북두칠성을 꼬리로 달고 있는 큰 곰 뒤를 따라다니는 것처럼 보여서 붙인 이름이랍니다.

아르크투루스는 거리가 36광년이어서 태양과 비교적 가깝죠. 하지만 크기는 태양 지름의 27배나 되고, 밝기는 태양의 약 100배나 된답니다. 이렇게 큰 항성을 '거성'이라 하죠.

봄철 밤하늘에서 가장 찾기 쉬운 별자리인 목자자리의 아르크투루스, 처녀자리의 스피카, 사자자리의 데네볼라를 이어 만들어지는 삼각형을 '봄의 대삼각형'이라 해요.

북두칠성 손잡이에서 아르크투루스, 스피카로 이어지는 곡선은 '봄의 대곡선'이라 하죠. 이 정도만 알고 있어도 봄의 밤하늘을 자녀들에게 설명하는 데 어려움이 없을 겁니다.

| 스피카(Spica)

봄의 대삼각형의 한 꼭짓점을 이루는 1등성 스피카는 처녀자리의 알파별이랍니다. 스피카는 '곡물의 이삭'이라는 라틴어인데, 여신이 손에 든 빛나는 보리 이삭이 스피카죠. 이 별이 나타나면 파종 때가 가까워진 것을 알게 되죠. 농사와 매우 밀접한 관계가 있는 별이죠.

밤하늘에서 15번째로 밝은 별인 스피카는 사실 한 별이 아니라 동반성을 가진 쌍성이랍니다. 서로의 둘레를 4일마다 한 바퀴씩 공전하며, 주성과 동반성의 질량은 각각 태양의 9.4배와 6배이고, 거리는 260광년이죠.

이 별이 유명한 것은 청초한 처녀처럼 맑고 푸른빛을 내는 이유도 있지만, 지구의 세차운동을 가르쳐준 것이 가장 큰 이유죠. 별의 등급을 최초로 정했던 히파르코스가 지구의 세차운동을 이 별로 인해 알게 되었고, 지동설의 코페르니쿠스도 세차운동에 관한 연구를 위해 스피카를 많이 관찰했답니다.

스피카는 초신성 폭발로 일생을 마칠 것으로 예상하는 후보들 중 지구에서 가장 가까운 별이기도 하죠.

| 센타우루스자리 알파(Alpha Centauri)

센타우루스자리 알파별은 센타우루스자리에서 가장 밝은 별인 -0.01등성으로, 밤하늘에서는 네 번째로 밝은 별이죠. 맨눈으로는 하나로 보이지만 사실은 쌍성계로, 태양과 매우 비슷한 센타우루스자리 알파 A별, 태양보다 좀 가볍고 차가운 오렌지색 왜성인 센타우루스자리 알파 B별로 이루어져 있답니다. 그런데 센타우루스자리는 천구의 남쪽에 있는 별자리로, 한국의 위도에서는 별자리의 북쪽 일부를 제외한 대부분을 볼 수 없답니다.

밤하늘에서 이들과 조금 떨어진 곳에 프록시마 센타우리란 별이 있는데, 이 별이 태양에서 가장 가까운 별로 유명하죠. 실시등급이 11.05인 어두운 적색왜성이기 때문에 맨눈으로는 관측이 불가능하죠. 거리는 4.22광년이지만, 가장 빠른 우주선으로 달려도 약 7만 년 걸린답니다.

| 안타레스(Antares)

전갈자리의 알파 별로, 겉보기 등급으로 16번째로 밝은 별이죠. 황도 근처에 있는 안타레스는 화성처럼 붉은빛을 띠기 때문에 전쟁의 신 이름이 붙은 '화성(아레스)의 경쟁자'라는 뜻을 갖고 있어요.

적색 초거성인 안타레스는 밝기가 변하는 변광성으로, 밝을 때는 0.9등, 어두울 때는 1.8등이며, 지름은 무려 태양의 700배에 이른답니다. 만약 안타레스를 태양 자리에다 끌어다 놓는다면 화성 궤도까지 집어삼킬 거예요. 다행히 안타레스는 지구에서 약 600광년이나 멀리 떨어져 있죠. 안타레스는 1개의 단독성이 아니라, 청백색의 안타레스 B를 동반성으로 거느리고 있어요. 두 별 사이의 거리는 550AU에 이릅니다.

안타레스를 가장 잘 관찰할 수 있는 시기는 안타레스가 태양의 반대편에 오는 5월 31일 전후랍니다. 이 무렵의 안타레스는 저물녘에 떠서 새벽에 지므로 밤새 볼 수 있어요. 태양으로 인해 이 별을 못 보는 시기는 북반구가 남반구보다 긴데, 그 이유는 안타레스의 위치가 천구 적도의 아래에 있기 때문이죠.

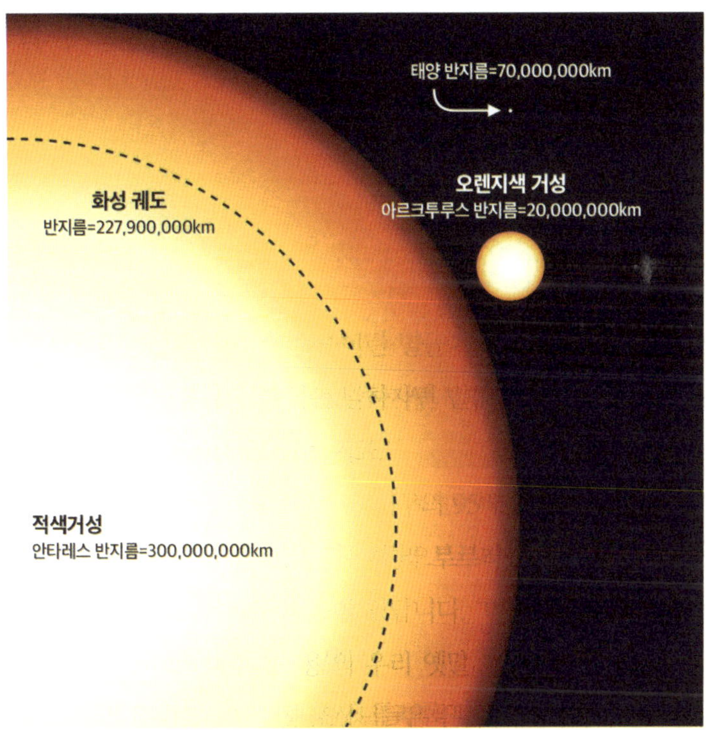

안타레스와 아르크투루스, 태양의 크기 비교. 안타레스가 화성 궤도까지 잡아먹는다.
중간 크기 별은 오렌지색 거성 아르크투루스.

| 리겔(Rigel)

겨울철 마당에 나가 남녘 밤하늘을 보면 장구처럼 생긴 별자리가 금방 눈에 들어옵니다. 별자리의 왕자인 오리온자리죠. 혼자서 그 귀한 1등성을 2개나 차지하고 있기 때문이죠. 오리온은 그리스 신화에 나오는 미남 사냥꾼 이름이랍니다.

이 사냥꾼의 허리띠를 이루고 있는 같은 간격의 세 별도 눈에 잘 띄죠. 바로 그 아래에는 유명한 오리온 대성운이 있어요. 리겔은 오리온자리의 베타별로, 오리온자리 사변형의 오른쪽 아래 꼭짓점에 있어요. 안시등급 0.08등, 거리 770광년, 푸른색 초거성이죠. 아주 젊은 별로 나이가 1,000만 년밖에 안 된답니다.

크기는 태양 지름의 60배, 절대광도는 6만 배에 달하지만, 평균밀도는 물의 수천분의 1에 지나지 않아요. 이중성(二重星)으로, 6.8등성인 동반성이 있어요. 리겔이란 아랍어로 '거인의 왼발'이란 뜻이죠. 리겔은 밝고 지구 어느 대양에서나 잘 보였기 때문에, 예로부터 중요한 항해별 중 하나였답니다.

| 카노푸스(Canopus)

용골자리의 알파별인 카노푸스는 -0.7등으로 시리우스 다음으로 밝은 별입니다. 거리는 310광년, 크기는 태양의 65배, 밝기는 태양의 1만 3,600배랍니다. 우리나라와 중국에서는 '노인성', '수성' 등으로 불리며, 인간의 수명을 관장하는 별로 여겨지고 있어요.

한국에서는 남쪽의 수평선 근처에서 매우 드물게 볼 수 있죠. 서울에서는 지평선에서 약 1도 정도로, 거의 지평선에 걸쳐 있어요. 원래는 붉은 별이 아니지만, 지평선 방향의 두꺼운 대기층에 의해 푸른빛이 흡수되어 붉게 보인답니다. 이 별은 약 1만 2000년 뒤에는 남극성이 된답니다.

카노푸스는 우주선이 우주공간에서 항로를 잡을 때 기준으로 이용하는 이정표 별이기도 하답니다. 무엇보다 카노푸스를 보게 되면 오래 산다는 말도 있으므로, 제주도나 호주 같은 남녘으로 여행한다면 꼭 이 별을 놓치지 말고 보기 바랍니다.

30. 태양에 있는 저 '까만 점'들은 대체 뭐죠?

난생처음 천체망원경을 손에 넣으면 흥분된 마음으로 대뜸 태양 흑점을 보겠다고 주경을 태양으로 겨누는 사람이 더러 있어요. 위험천만한 일이랍니다.

어느 망원경에든 이런 딱지가 붙어 있어요. "이 망원경으로 태양을 바로 보지 마시오. 눈에 영구 장애를 초래할 수 있습니다." 말하자면 실명할 수도 있다는 뜻이죠. '눈 내리 깔앗!' 그만큼 태양은 지존이시랍니다. 반드시 주경 앞에 태양 필터나 흑색 필름을 대고 태양을 봐야 합니다. 중요한 사항이니 특히 어린 자녀들에게 잘 교육해야 합니다.

태양의 빛나는 표면을 광구(光球)라 하는데, 온도가 약 5,500도입니다. 태양 필터를 댄 망원경으로 관측하면 광구에 기미 같은 점들이 여기저기 흩어져 있는 게 보이는데, 그것들이 바로 태양 흑점입니다. 주변 광구에 비해 1,500도 정도 온도가 낮아 어둡게 보이는 것입니다. 하지만 태양 표면에서 흑점만을 꺼내놓고 본다면, 3500도가 넘는 심홍빛의 가스는 보름달보다 밝답니다.

태양 흑점은 왜 생길까요? 태양의 복잡한 자기장 현상에서 비롯되는 거

태양 필름을 잘라 종이컵에 붙인 후 쌍안경에 끼우면 훌륭한 일식관측용 망원경이 된다. ⓒ 이광식

랍니다. 지구나 태양은 하나의 거대한 자석이기 때문에 남북으로 길게 자기장을 형성하고 있죠.

가스체인 태양은 대략 적도에서는 25일, 극지에서는 34일에 한 번씩 자전하죠. 이 자전주기의 차이로 인해 자력선이 꼬이게 되고, 태양 표면의 대류를 억제하여 흑점을 만든답니다. 자기장의 흐름이 바뀌면 흑점 역시 사라지죠.

흑점의 크기는 다양하여 작은 것은 16km짜리도 있지만, 큰 것은 지구 10개가 퐁당 들어갈 만한 너비 16만km나 되는 것도 있답니다. 흑점은 매

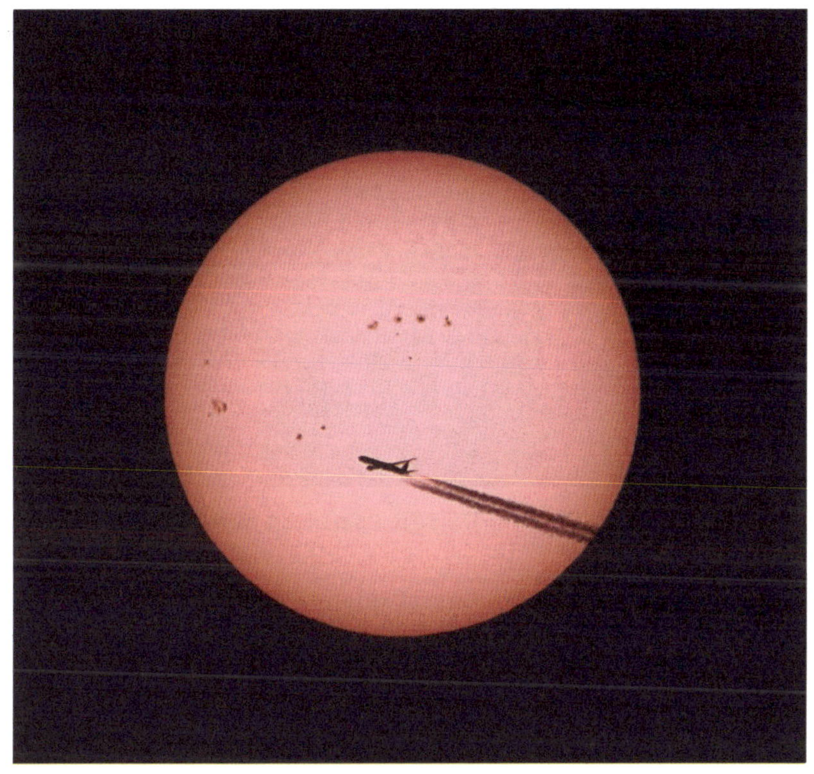

흑점이 많은 태양 앞을 통과하는 비행기. 흑점 하나가 지구보다 크다. 서울시 개포동에서 촬영. ⓒ 김경환

년 일정하게 발생하는 것이 아니라 11년을 주기로 흑점 수가 늘어났다 줄어들었다 하죠.

조선시대 초기에 관상감의 천문학자들이 낮에 태양을 관찰하기도 했는데, 검은색 수정을 사용하여 태양의 흑점을 관측한 기록을 남기기도 했어요. 이것은 갈릴레오 갈릴레이가 최초로 흑점을 발견했다고 주장하는 1610년보다 최소 수백 년은 빠른 거랍니다.

31. 밤하늘에 '별구름'이 보여요

성운이란 한마디로 성간 공간을 떠도는 구름 같은 기체 덩어리를 말합니다. 수소와 헬륨이 거의 대부분이지만, 별먼지와 약간의 중원소를 포함하고 있어요.

아름답고 다채로운 성운들은 우주에서 가장 매력적인 볼거리로, 별지기들의 인기 관측 품목이죠. 주로 은하면에 모여 있는 성운은 주변 별의 영향과 그 구성 성분, 모양 등에 의해 크게 암흑성운, 발광성운, 반사성운으로 나뉜답니다.

암흑성운은 높은 밀도의 가스와 티끌이 뒤에서 오는 밝은 별빛이나 성운의 빛을 가려 어둡게 보이는 성운으로, 오리온자리의 말머리성운, 남십자자리의 석탄자루성운 등이 유명하죠.

발광성운은 가스와 티끌이 주변의 뜨거운 별에 의해 가열되어 스스로 빛을 내는 성운으로, 대표선수는 백조자리의 북아메리카성운과 면사포성운, 오리온자리의 오리온성운(M42) 등이죠. 반사성운은 발광성운처럼 빛을 내지만, 스스로 빛을 내는 것이 아니라 주변의 별이 내는 빛을 성운 안의 입자들이 거울처럼 반사시키는 성운입니다. 발광성운이 주로 붉은빛을 띠는

데 비해 반사성운은 푸른빛을 내죠.

오리온자리의 마귀할멈성운, 플라이아데스 성단을 둘러싼 성운이 반사성운의 대표적인 예이며, 적색초거성 안타레스는 붉은색의 반사성운으로 둘러싸여 있답니다. 이 같은 성운들은 종종 별 탄생 지역을 형성한답니다. 가장 유명한 독수리성운은 혜성 사냥꾼인 프랑스의 샤를 메시에가 1764년에 발견한 거죠. 여름철 별자리인 뱀자리에 있는 이 성운은 붉은색을 띠며, 크기는 무려 70×55광년에 이른답니다.

독수리성운 중심부의 기둥 모양으로 생긴 부분에서는 활발한 별 형성이 이루어지고 있는데, NASA의 허블 우주망원경이 이 기둥들을 찍어 창조의 기둥이라 이름 붙였죠.

이 밖에도 초신성 폭발로 인해 남겨진 성운도 있어요. 초신성 폭발 후 이온화된 물질들이 떨어져나가 만들어진 초신성 잔해로, 황소자리의 게성운이 좋은 예죠. SN 1054로 불리는 게성운은 1054년에 발견되었고, 이 성운 중심에는 폭발하는 동안에 만들어진 중성자별이 있답니다.

다른 유명한 초신성 잔해로는 튀코 브라헤의 이름을 따 붙여진 튀코 초신성 SN 1572의 잔해, 그리고 요하네스 케플러의 이름을 딴 케플러 초신성 SN 1604의 잔해가 있죠. 또 다른 종류의 성운으로는 '행성상 성운'이란 게 있어요. 태양급 질량의 별이 생의 마지막에 적색거성이 되어 우주공간에다 토해놓은 별의 겉껍질이 만든 성운이죠. 저배율 망원경으로 볼 때 행성처럼 보인다고 해서 행성상 성운이란 이름이 붙여졌을 뿐, 행성하고는 아무

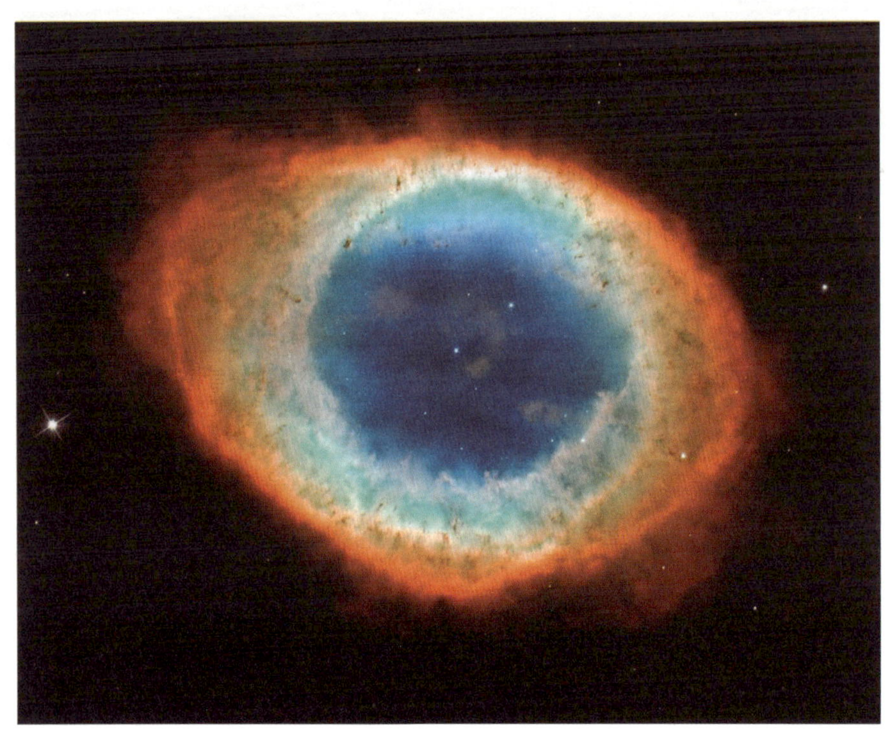

가장 아름답고 유명한 행성상 성운으로 꼽히는 고리성운(M57). 거문고자리에 있다.
거리는 2,300광년, 지름은 약 2.5광년이다. 약 60억 년 후 우리 태양도 이렇게 변한다.

런 관계도 없답니다. 대표선수는 나선성운, 고리성운, 올빼미성운, 레몬조
각성운 등이죠.

밤하늘에서 가장 매력적이 관측대상 중 하나가 행성상 성운이죠. 특히
거문고자리의 고리성운은 처음 보는 사람이라면 그야말로 '심쿵'을 경험하
게 된답니다. 마치 우주의 신이 아득한 우주공간에 담배연기 한 모금을 뱉
어놓은 듯한 모습은 한동안 눈을 떼지 못하게 하는 매력을 갖고 있죠.

32. 별들이 오종종 모여 있어요

중력으로 뭉쳐져 있는 별들의 무리를 성단이라 하죠. 크게 구상성단과 산개성단으로 나뉘어지죠. 구상성단은 대략 1만 개에서 수백만 개에 이르는 별들이 10~30광년 지름의 공 모양으로 뭉쳐 있는 집단이랍니다. 이들은 대부분 우주의 나이보다 수억 년 정도 어린 늙은 항성종족에 속하기 때문에 표면 색깔은 노랗거나 붉고, 질량은 태양의 2배 미만이죠. 우리은하에서 구상성단은 은하 중심부 근처에 있는 은하 헤일로* 주변에 구형에 가까운 형태로 분포해 있죠.

구상성단 중 일부는 맨눈으로도 볼 수 있어요. 가장 밝은 센타우루스자리 오메가는 1만 6,000광년 거리에 있는 성단으로, 지름 150광년 안에 1,000만 개의 별을 빽빽하게 뭉쳐놓고 있죠. 미국 물리학자 리처드 파인만은 오메가 성단을 보고도 중력의 존재를 느끼지 못한다면 영혼이 없는 사람이라고 말한 적이 있답니다.

산개성단은 은하 헤일로 주변에 구형으로 포진하고 있는 구상성단과는 달리 주로 은하면의 나선팔에서 발견되므로 은하성단이라 불리기도 해요. 이들은 대개 젊은 별로, 나이는 고작 수억 살 정도죠. 구성원 숫자는 대략 수천 개,

---

* 헤일로(halo) : 은하의 중심부나 원반부 밖에 있는 넓은 공 모양의 영역. 구상 성단이 분포하고 있으며, 빛으로 관측되는 부분보다 훨씬 큰 경우가 많다.

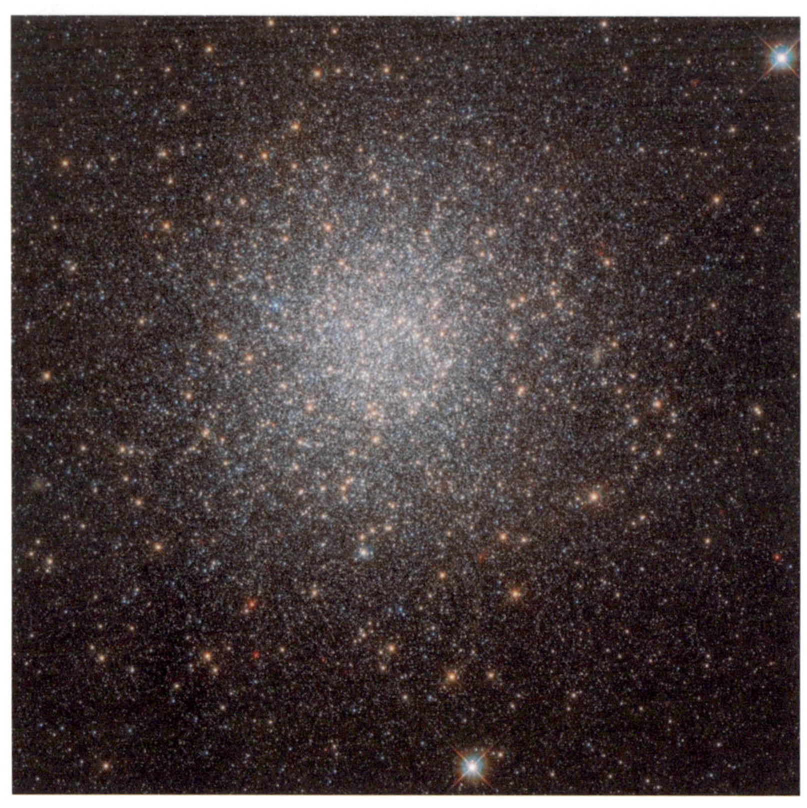

센타우루스자리 오메가 성단. 지름 150광년 안에 1,000만 개의 별을 빽빽하게 뭉쳐놓았다. ⓒ NASA

성단의 지름은 약 30광년이죠. 별이 몇 개 없기 때문에 중력으로 헐겁게 묶여 있으며, 분자구름이나 다른 성단의 영향으로 쉽게 흩어지기도 한답니다.

　　가장 유명한 산개성단은 황소자리에 있는 플레이아데스(좀생이별)와 히아데스성단, 페르세우스자리의 이중성단 등이죠. 두 산개성단으로 이루어진 이중성단은 저배율로 보면 아름다운 모습이 한눈에 들어와요. 두 성단까지의 실제 거리도 7,600광년과 6,800광년으로, 우주공간에서의 거리도 그리 멀지 않죠.

33. 성운-성단 이름 앞에 붙어 있는 M이나 NGC는 뭔가요?

둘 다 천체 목록을 가리키는 문자로, 'M'은 18세기 프랑스 천문학자 샤를 메시에(Charles Messier)의 머릿글자이고, 'NGC'는 19세기 아일랜드 천문학자 드라이어가 작성한 〈뉴 제너럴 카탈로그(New General Catalogue)〉의 머릿글자랍니다.

드라이어가 작성한 〈뉴 제너럴 카탈로그(NGC)〉는 7,840개의 천체를 포함하고 있습니다. 이 목록은 성단-성운에만 국한하지 않고 모든 유형의 심우주 천체를 포함하는 가장 포괄적인 목록으로, 일반적으로 성운, 성단, 은하 등을 이 항성 목록의 번호로 부르죠. 예컨대, 게성운 M1은 NGC 1952, 안드로메다은하 M31은 NGC 245입니다.

한편 샤를 메시에(1730~1817)는 14살 때인 1744년 여섯 꼬리가 발달한 대혜성을 관측하고, 1748년에는 금환일식을 관측한 것이 그를 천문학의 세계로 이끌었다고 합니다. 메시에는 1751년 프랑스 해군 천문대에 들어가 본격적인 천체 관측을 시작했는데, 메시에의 첫 관측 기록은 1753년 5월 6일의 수성의 일면통과였어요.

그는 1759년 핼리가 예언했던 핼리 혜성의 회귀를 관측한 후, 거의 15년

동안 혜성 발견을 독차지하여 막강한 혜성 사냥꾼으로 이름을 날렸죠. 그는 혜성 관측뿐 아니라, 성운-성단 관측에도 열성적이었는데, 천구에서 움직이는 천체와 움직이지 않고 제자리를 지키는 천체를 쉽게 구별하여 혜성과 헷갈리지 않기 위해서였죠.

이러한 일들을 하다 보니, 다른 혜성 관측자들에게도 성운-성단 정보를 알려 줄 필요가 있다고 생각하여, 1774년 성운과 성단, 은하 등의 목록을 출간했죠. 이것이 바로 〈메시에 목록〉으로, 메시에는 혜성 발견보다 이 목록으로 천문학사에 불멸의 이름을 남겼답니다. 〈메시에 목록〉은 후세 별지기들에게 부동의 베스트셀러가 되었죠.

〈메시에 목록〉에는 M1부터 M110까지 실려 있어요. 별지기 치고 이 〈메시에 목록〉을 거쳐가지 않은 사람이 없죠. 이처럼 〈메시에 목록〉을 남겨 수많은 사람들을 우주로 안내한 공을 기리는 뜻에서, 달의 크레이터와 소행성 하나에 각각 '메시에'란 이름이 붙여졌답니다. 메시에 목록 맨 처음에 실려 있는 M1은 황소자리의 게성운이며, 안드로메다 은하는 M31, 오리온 성운은 M42로 되어 있습니다.

메시에 천체 110개를 하룻밤에 다 보려면 위도상 제한이 따르지만, 이론적으로는 춘분 근처의 맑은 날 밤을 잡아 밤샘을 하면 된답니다. 그래서 별지기들은 하룻밤에 메시에 천체 중 누가 가장 많은 개수를 보는가, 기량을 겨루는 '메시에 마라톤 대회'를 연답니다.

우리나라 아마추어 천문가들도 매년 춘분날 즈음에 메시에 마라톤 대회를 개최하죠. 이 메시에 마라톤 대회에 참여해서 별밤하늘을 한번 뛰어보는 것이 별지기들의 로망이랍니다. 누구든 참여할 수 있어요.

34. '빗자루별'이란 게 있다고요?

혜성을 빗자루별이라고도 하죠. 혜성(彗星)의 '혜(彗)'가 '빗자루'라는 뜻이랍니다.

혜성은 태양이나 큰 질량의 행성에 대해 타원이나 포물선 궤도를 도는 태양계에 속한 작은 천체를 말하는데, 우리말로는 '살별'이라고도 합니다. 그리스어로는 혜성을 코멧(Komet)이라 하는데, 머리털이란 뜻이죠. 빛나는 머리와 긴 꼬리를 가지고 밤하늘을 운행하는 혜성은 예로부터 고대인들에 의해 많이 관측되었답니다.

묘하게도 동서양이 혜성에 대해서는 하나의 일치된 관념을 갖고 있었는데, 그것은 혜성 출현이 불길한 징조라는 겁니다. 왕의 죽음이나 망국, 큰 화재, 전쟁, 전염병 등 재앙을 불러오는 별이라고 믿었던 거죠. 고대인에게 혜성은 '공포의 대마왕'으로 두려움의 대상이었답니다.

혜성은 크게 머리와 꼬리로 구분되죠. 머리는 다시 안쪽의 핵과, 핵을 둘러싸고 있는 코마로 나누어집니다. 핵이 탄소와 암모니아, 메탄 등이 뭉쳐진 '더러운 얼음덩어리'라는 사실을 최초로 알아낸 사람은 1950년 하버드 대학의 천문학자 프레드 위플이랍니다. 그러니 혜성의 정체가 제대로 알려

인류에게 혜성의 존재를 처음 알려준 핼리 혜성. 1986년에 방문한 핼리 혜성의 모습이다. ⓒ NASA

진 것은 반세기 정도밖에 되지 않은 셈이죠.

핵을 둘러싼 코마는 태양열로 인해 핵에서 분출되는 가스와 먼지로 이루어진 것으로, 혜성이 대개 목성 궤도에 접근하는 7AU 정도 거리가 되면 코마가 만들어지기 시작하죠. 우리가 혜성을 볼 수 있는 것은 이 부분이 햇빛을 반사하기 때문이죠. 코마의 범위는 보통 지름 2만~20만km 정도로 목성크기만 하기도 하고, 때로는 지구와 달까지 거리의 약 3배나 되는 100만km를 넘는 것도 있어요.

혜성은 꼬리는 코마의 물질들이 태양풍의 압력에 의해 뒤로 밀려나서 생기는 거랍니다. 이 황백색을 띤 꼬리는 태양과 반대방향으로 넓고 휘어진 모습으로 생기며, 태양에 다가갈수록 길이가 길어지죠. 꼬리가 긴 경우에는 태양에서 지구까지 거리의 2배만큼 긴 것도 있다니, 참으로 장관이 아닐 수 없겠죠.

태양에 가까이 다가가면 2개의 꼬리가 생기기도 하는데, 앞에서 말한 먼지꼬리 외에 가스 꼬리 또는 이온 꼬리라고 불리는 것이 생긴답니다. 태양 반대쪽으로 길고 좁게 뻗는 가스 꼬리는 이온들이 희박하여 눈으로는 잘 보이지 않지만, 사진을 찍어 보면 푸른색을 띤 꼬리가 길게 뻗어 있는 것을 볼 수 있죠.

유명한 핼리 혜성은 최초로 혜성이란 존재를 밝혀낸 영구 천문학자 에드먼드 핼리의 업적을 기리는 뜻에서 붙여진 이름이죠. 가장 최근에 핼리 혜성이 나타난 해는 1986년이었고, 다음 방문은 2061년으로 예약되어 있어요. 나는 못 보겠지만, 여러분은 건강들 잘 챙겨 핼리 혜성이 태양을 향해 날아가는 장관을 꼭 보시기 바랍니다.

35. 밤하늘에서 가끔 보는 별똥별은 무엇인가요?

옛사람들이 '흐르는 별'이라 하여 유성(流星)이라 이름한 것이 바로 '별똥' 또는 '별똥별'이랍니다. 유성체가 지구 대기권으로 매우 빠른 속도로 돌입하여 밝은 빛줄기를 만들죠. 유성은 지구 대기에서 일어나는 현상이며, 스스로 빛을 내는 항성과는 다른 거죠.

유성은 혜성에서 떨어져나온 돌가루라고 생각할 수 있으며, 유성이 되는 유성체는 대부분 굵은 모래알 정도로 작은 거랍니다.

맨눈으로 볼 수 있는 유성은 대부분 약 70km 상공에서 발생한 것이죠. 유성체의 속력은 평균 50km/s 정도로 측정되는데, 지구 대류권의 두께가 10km 정도임을 생각하면 매우 빠름을 알 수 있죠.

유성 중에서 밝은 것은 화구(火球, fireball) 또는 불덩어리 유성이라고도 해요. 화구 중에는 대기 중에서 폭발하며 큰 소리를 내는 것도 있는데, 지난 2013년 2월 15일, 러시아 도시 첼랴빈스크 인근에 떨어져 수많은 건물들을 부수고 1,500명의 부상자를 낸 지름 19m의 '첼랴빈스크 유성'도 그 같은 경우죠.

1833년 11월 북아메리카에서 목격된 사자자리 유성우. ⓒ Wikipedia

혜성은 궤도를 운행하면서 티끌이나 돌조각들을 궤도상에 흩뿌리는데,
이러한 혜성의 입자들이 혜성 궤도 주위에 모여 있는 것을 유성류라 해요.
공전하는 지구가 이 유성류 속을 지날 때 지구 대기와의 마찰로 불타며 떨어지는데, 이것을 유성 또는 별똥별이라 하며, 많은 유성이 비처럼 무더기로 떨어지는 것을 유성우라 한답니다.

유성우는 지구 대기권으로 평행하게 떨어지지만, 우리가 보기에는 하늘의 한 곳에서 떨어지는 것처럼 보여요. 이 중심점을 복사점이라 하고, 복사점이 자리한 별자리의 이름을 따라 유성우의 이름이 정해지죠.

유성우 중에서는 특히 사자자리 유성우가 유명한데, 주기 33년의 템펠-터틀 혜성이 연출하는 것으로서, 매년 11월 17일과 18일을 전후하여 시간당 십수 개에서 많은 경우 수십만 개의 유성이 떨어진답니다.

예부터 별똥별을 보는 순간 소원을 빌면 이루어진다는 말이 있는데, 별지기들 중에는 의외로 이 말을 믿는 사람이 많아요. 캄캄한 밤하늘에서 몇 초 반짝하다 사라지는 순간에 빌어지는 간절한 소원이라면 우주 에너지가 틀림없이 도와줄 것이란 믿음에서죠.

내가 만약 운석을 발견했다면
어떻게 해야 할까요?

2014년 3월 경남 진주 근교 농가의 한 비닐하우스에 운석이 떨어져 화제가 됐던 적이 있습니다. 그 소식을 듣고 운석 사냥꾼들이 모여들어 일대를 뒤진 끝에 며칠 간격으로 3개의 운석이 더 발견되었죠. 이처럼 운석 사냥꾼들이 모여드는 것은 운석 값이 잘하면 금값의 10배는 되기 때문입니다.

그런데 이런 운석이 매일 평균 100톤, 1년에 4만 톤씩 지구에 떨어지고 있습니다. 먼지처럼 작은 입자의 우주 물질은 1초당 수만 개씩, 지름 1mm 크기는 평균 30초당 1개씩, 지름 1m 크기는 1년에 1개 정도씩 지구로 떨어집니다. 하지만 그 3분의 2가 바다에 떨어지고, 나머지는 대부분 사람이 살지 않는 지역에 떨어지는 통에 거의 발견되지 않을 뿐입니다.

가끔 운석으로 지붕이나 차가 망가지는 일도 있지만, 사람이 크게 다치거나 목숨을 잃지만 않는다면 엄청난 행운입니다. 오염되지 않은 희귀 운석은 '우주가 주는 로또'가 되기도 하죠. 화성에서 온 운석이나 지구 물질에 오염되지 않은 운석 등은 1g당 1,000만 원이나 나간다고 합니다.

운석이 떨어질 확률은 언제나 있기 때문에 오늘 밤 우리 집 마당에 떨어지

합천 운석 충돌구. 5만 년 전 지름 약 200m 크기의 소행성이 충돌해서 만들어진 초계분지.
동서 길이 8km, 남북 길이 5km의 타원형 크레이터로 확인되었다. ⓒ 합천군

지 말란 법도 없죠. 그리고 운석은 법적으로 '주인 없는 물건'이기 때문에 먼저 발견하는 사람이 임자입니다.

운석이 떨어진 걸 발견했을 때 처리 매뉴얼을 공개하자면, 가장 먼저 주방으로 뛰어가 재빨리 비닐 장갑을 찾아 끼고 랩 뭉치를 들고 운석에게 달려갑니다. 먼저 운석 낙하 현장을 사진으로 담은 후, 랩으로 돌돌 말아 밀봉해서는 반드시 냉동고에 집어넣습니다. 지구 물질에 오염되면 그만큼 가치가 떨어지기 때문이죠.

그런 후 주운 시간과 장소, 무게, 모양에 관한 간단한 설명을 쓰고 사진과 함께 인터넷에 올리면 됩니다. 곧 언론사나 연구기관 등에서 연락이 올 것입니다. 한국천문연구원 등 관계기관에 직접 연락하는 것도 좋습니다.

Chapter 5

별자리는 누가 만들었을까요?

나는 별을 너무나 사랑한 나머지
별을 두려워하지 않게 되었다.

— 사라 윌리엄스 (영국의 시인)

36. 별자리가 하늘의 번지수라고요?

별자리를 한자어로는 성좌(星座)라고 하죠. 그런데 성가시게 왜 이런 걸 만들었을까요? 거기에는 다 이유가 있답니다.

하늘에 혜성이 나타나거나, 화성이나 목성 같은 행성이 있는 곳을 얘기하려면 '하늘 어디에' 하는 설명이 필요하잖아요. 하늘의 그 '장소'를 표시해주는 게 바로 별자리인 거죠. 말하자면, 별자리는 하늘의 번지수라 할 수 있죠. 우리가 번지수로 우편물이나 택배를 받듯이, 하늘에서는 별자리로 그 장소를 아는 셈이죠.

이 하늘의 번지수는 88번지까지 있답니다. 별자리 수가 남반구와 북반구를 통틀어 88개 있다는 말이죠. 이 88개 별자리로 하늘은 빈틈없이 경계지어져 있답니다.

예로부터 별자리는 여행자와 항해자의 길잡이였고, 야외생활을 하는 사람들에게는 밤하늘의 거대한 시계였답니다. 지금도 이 별자리로 인공위성이나 혜성을 추적하죠. 물론 별자리의 별들은 모두 우리은하에 속한 것이고요.

예전엔 천체관측에 나서려면 별자리 공부부터 해야 했지만, 요즘에는 별

최초의 별자리 이름은 고대 중동에서 살던 양치기 유목민들이 지었다.

자리 앱을 깐 스마트폰을 밤하늘에 겨누면 별자리와 유명 별 이름까지 가르쳐주니 별자리 공부 부담은 좀 덜게 되었죠.

그럼 별자리는 누가 최초로 만들었을까요? 옛날 사람들 중 틀림없이 밤잠을 잘 안 잤던 사람들이었을 거 같죠? 그래요, 양을 지키기 위해 밤에 잠 안 자고 보초를 서던 목동들이 그 주인공이랍니다.

별자리의 원조는 옛날 중근동(中近東) 아시아에서 양을 치던 사람들이었죠. 메소포타미아의 티그리스 강과 유프라테스 강 유역에서 양떼를 기르던 유목민 칼데아 인이 바로 그 주인공이죠.

한 5,000년 전쯤 옛날, 양떼를 지키기 위해 드넓은 벌판 한가운데서 밤 샘하던 사람들이 무슨 할 일이 있었겠어요. 캄캄한 밤중, 세상에 할 일 없이 심심하던 차에 눈에 들어오는 거라곤 밤하늘의 별들뿐이었죠. 게다가 요즘 처럼 빛공해도 매연도 없는 칠흑 같은 하늘이라 총총한 별들이 손에 잡힐 듯해서 더욱 감동을 먹었겠죠. 그들이야말로 최초의 진정한 원조 별지기였 답니다.

그렇게 별밭에서 노닐다 보니 특별히 밝게 반짝이는 별들이 눈에 띄었 고, 그 별들을 따라 죽죽 선분으로 이으며 그림그리기를 하다 보니 눈에 익 은 모습이 더러 나온 거죠. 별자리 이름을 보면 염소니, 황소니, 양이니 하 는 짐승 이름들이 대세인 것은 그런 이유에서랍니다. 근데 예외가 더러는 있죠. 처녀자리가 그렇죠. 아마 그 양치기가 마을 처녀를 짝사랑해서 그렇 게 이름 붙인 건지도 모르죠.

기원전 3,000년경에 만들어진 이 지역의 표석에는 양, 황소, 쌍둥이 등, 태양과 행성이 지나는 길목인 황도를 따라 배치된 12개의 별자리, 즉 황도 12궁*을 포함한 20여 개의 별자리가 기록되어 있답니다. 그들은 또 1년이 365일 하고도 1/4일쯤 길다는 것도 알고 있었죠. 독학으로 쌓은 유목민들 의 천문학 내공은 이처럼 상당한 수준에까지 이르렀던 거죠.

칼데아 유목민이 짐승을 좋아한 데 비해 그리스 인들은 신화를 무척 좋 아했던 모양입니다. 그래서 별자리 이름에도 신화 속의 신과 영웅, 동물들

* 지구에서 볼 때 태양이 움직이는 길을 황도라 하는데, 이 황도를 따라 태양이 1년 동안 움직이면서 지나가는 주요한 별자리 12개를 황도 12궁이라 한다.

의 이름이 붙여졌죠. 세페우스, 카시오페이아, 안드로메다, 큰곰 등의 별자리가 그러한 예들이죠.

여기까지는 대체로 일반인들이 쌓아올린 천문학이고, 서기 2세기경 비로소 천문하자들이 이를 이어받았는데, 바로 고대 그리스이 프톨레마이오스란 사람이 그리스 천문학을 몽땅 수집해서 천동설을 기초로 체계를 세운 천문학 책 《알마게스트》가 나왔답니다. 여기에는 북반구의 별자리를 중심으로 48개의 별자리가 실려 있고, 이 별자리들은 그후 15세기까지 유럽에서 널리 알려졌죠.

15세기 이후에는 원양항해의 발달에 따라 남반구 별들도 많이 관찰되어 새로운 별자리들이 보태졌어요. 공작새자리, 날치자리 등, 남위 50도 이남의 대부분 별자리들은 이때 만들어졌죠.

지금처럼 88개의 별자리로 온 하늘을 빈틈없이 구획정리한 것은 비교적 최근이라 할 수 있는 1930년의 일이랍니다. 그때까지 별자리 이름은 곳에 따라 다르게 사용되고, 그 경계도 통일되지 않아 불편함이 많았죠.

그래서 국제천문연맹(IAU) 총회에서 온 하늘을 88개 별자리로 나누고, 황도를 따라 12개, 북반구 하늘에 28개, 남반구 하늘에 48개의 별자리를 각각 정한 다음, 종래 알려진 별자리의 주요 별이 바뀌지 않는 범위에서 천구상의 적경·적위에 평행한 선으로 경계를 정했죠. 이것이 현재 쓰이고 있는 별자리로, 이 중에 우리나라에서 볼 수 있는 별자리는 모두 67개랍니다.

37. 계절에 따라 별자리가 바뀐다고요?

천동설을 믿던 옛사람들은 모든 별들은 천구에 붙어 있다고 생각했답니다. 별자리가 바뀌는 것은 천구가 1년에 한 바퀴씩 돌기 때문이라 생각했지만, 오늘날 우리는 천구가 도는 것이 아니라, 지구가 태양 둘레를 돌므로 천구의 밤 쪽 방향에 있는 별들만 볼 수 있음을 알고 있죠.

따라서 지구가 태양의 반 바퀴를 도는 6달 뒤에는 완전 반대편 하늘의 별자리를 보게 됩니다. 겨울에 보이던 오리온자리가 사라지고 여름의 전갈자리가 떠오르는 것은 그 때문이죠.

별자리는 하루에도 동쪽에서 서쪽으로 1도씩 이동하죠. 어제 그 시간에 보던 별자리를 오늘 그 시간에 보면 서쪽으로 1도 옮겨간 겁니다. 이렇게 1년을 옮겨가면 다시 제자리로 돌아오죠. 때문에 계절에 따라 보이는 별자리 또한 다르답니다. 하지만 지구가 둥글기 때문에 북반구에서는 남반구의 별들의 일부는 1년을 통틀어도 볼 수가 없죠.

참고로, 별이 하룻밤 새 하늘에서 움직이는 것을 별의 일주운동이라 하죠. 이 일주운동은 진짜로 별이 움직이는 것이 아니라, 지구가 하루에 한 바퀴씩 동쪽으로 자전을 하기 때문에 그렇게 보이는 겉보기 운동이랍니다.

북극성을 중심으로 일주운동을 하는 별들. 철원 백마고지에서 촬영. ⓒ Wikipedia

별의 일주운동을 찍은 천체사진을 보면 수많은 동심원 중앙에 밝은 별 하나가 기준을 잡고 있는 게 보이는데, 그 별이 바로 북극성이죠. 지구의 자전축을 천구까지 연장하면 닿은 별이기 때문에 움직이지 않는 하늘의 돌쩌귀처럼 보이는 것이랍니다.

이처럼 별들은 지구의 자전과 공전에 의해 일주운동과 연주운동*을 한답니다. 따라서 별자리들은 일주운동으로 한 시간에 약 15도 동에서 서로 이동하며, 연주운동으로 하루에 약 1도씩 서쪽으로 이동하죠.

우리가 흔히 계절별 별자리라 부르는 것은 그 계절의 저녁 9시경에 잘

* 연주운동 : 지구의 공전운동에 의해 일어나는 다른 천체들의 겉보기 운동. 지구는 태양 둘레를 공전하는데, 지구에서 보면 태양이 1년의 주기로 천구 위를 운동하는 것으로 보이며, 이를 태양의 연주운동이라 한다.

보이는 별자리들을 가리키죠. 별자리를 이루는 별들에게도 번호가 있답니다. 가장 밝은 별로 시작해서 알파(α)별, 베타(β)별, 감마(γ)별 등으로 붙여 나가죠.

마지막으로, 영원히 변함없이 보이는 별자리도 사실 오랜 시간이 지나면 그 모습을 바꾼답니다. 별자리를 이루는 별들은 저마다 거리가 다를 뿐만 아니라, 1초에도 수십~수백km의 빠른 속도로 제각기 움직이고 있죠. 다만 별들이 너무 멀리 있기 때문에 그 움직임이 눈에 띄지 않을 뿐이죠. 그래서 고대 그리스에서 별자리가 정해진 이후 거의 별자리의 모습은 변하지 않았어요. 별의 위치는 2,000년 정도 세월이 흘러도 거의 변화가 없었다는 것을 말해주는 거죠.

하지만 더 오랜 세월, 한 20만 년 정도가 흐르면 하늘의 모든 별자리들이 완전히 달라지게 된답니다. 북두칠성은 더 이상 아무것도 퍼담을 수 없을 정도로 찌그러진 됫박 모양이 될 거랍니다.

38. 1년 내내 볼 수 있는 별자리

우리나라는 북반구에 있기 때문에 북극에 가까운 별자리들은 1년 내내 볼 수가 있답니다. 이런 별자리들을 '북쪽 하늘의 별자리'라고 하는데, 북반구 별자리의 중심을 이루죠.

별자리를 찾는 가장 기본적인 방법은 먼저 기준이 되는 별자리를 하나 찾아서 눈에 익히는 거랍니다. 다른 별자리들은 그 별자리를 기준으로 하여 차례차례 찾아갈 수 있죠. 이렇게 기준으로 사용되는 대표적인 별자리가 북두칠성이 속한 큰곰자리와 카시오페이아자리입니다.

이런 별자리들은 천구의 북극에 매우 가까이 있기 때문에 우리나라에서는 산 밑으로 지는 일이 없답니다. 이런 별들을 주극성이라 부르죠. 주극성들로 이루어진 북쪽 하늘 별자리들을 알아봅시다.

1. 큰곰자리(Ursa Major)

북두칠성을 찾는 방법은 아주 쉬워요. 이 북두칠성을 찾으면 당연히 북두칠성이 소속된 큰곰자리도 찾을 수 있죠. 북두칠성은 북쪽 하늘에 있지만, 무턱대고 북쪽 하늘을 쳐다봐서는 찾기가 쉽지 않죠. 봄철이라면 북두칠성은 북쪽 하늘 높은 곳에서 보이고, 여름철이라면 북쪽에서 조금 서쪽

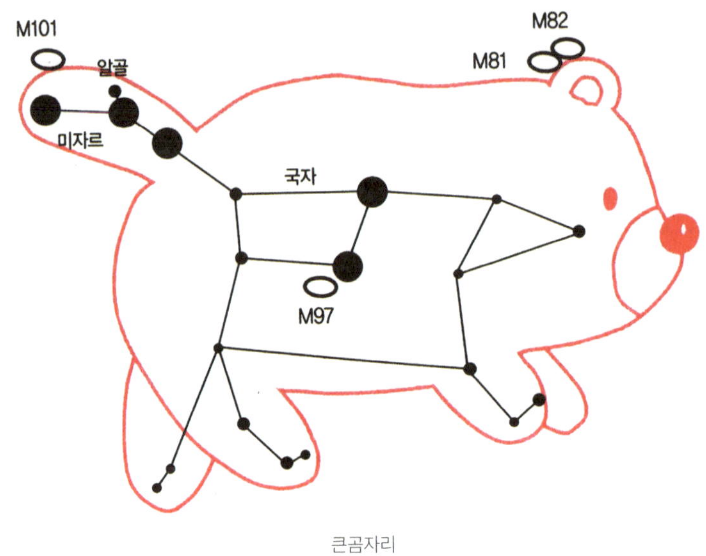

큰곰자리

으로 위치하게 되죠. 이것은 북두칠성이 천구의 북극에 있는 북극성을 중심으로 돌기 때문이랍니다.

7개의 별들이 커다란 국자 모양을 한 북두칠성을 이루는 별들은 2등성 내외의 밝은 별들이라, 북쪽 하늘에서 금방 눈에 띄어 찾기가 쉽죠. 이 북두칠성을 찾으면 다른 소득도 있답니다. 바로 북극성이 있는 곳을 알려주거든요.

북두칠성을 찾았으면 큰곰자리도 찾아봅니다. 북두칠성의 국자 부분은 큰곰의 엉덩이이고, 국자 자루는 큰곰의 꼬리랍니다. 자루에서 국자 방향(서쪽)으로 조금 앞쪽으로 삼각형의 모양을 찾을 수 있죠. 이것이 바로 큰곰의 머리랍니다.

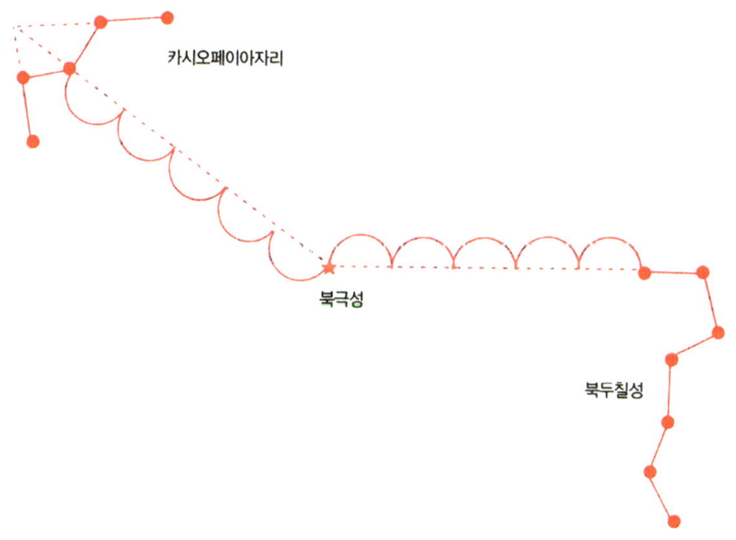

북두칠성과 카시오페이아자리를 이용하여 북극성 찾기

이 머리와 북두칠성에서 천구의 반대 방향으로 조금 시선을 옮겨보면 2개의 별들이 나란히 붙어 있는 3쌍의 별들을 볼 수 있어요. 이 별들이 바로 큰곰의 발이죠.

큰곰자리의 별들　큰곰자리는 밤하늘에서 매우 넓은 부분을 차지하고 있기 때문에 밝은 별들이 상당히 많은 편이죠. 이 중에 돋보이는 별은 북두칠성을 이루는 7개의 별들이며, 특히 국자 맨 앞의 두 별은 매우 중요한 별이랍니다.

국자 첫 번째의 별은 큰곰자리의 알파별로서, '큰 곰'이란 뜻인 '두베'라는 이름을 갖고 있죠. 두 번째 별은 큰곰자리 베타별로서, 허리라는 뜻을 지닌 메라크입니다.

이 두 별을 잇는 선을 연장해가면 그 다섯 배쯤 되는 거리에 밝은 2등성 별 하나를 만납니다. 이 별이 바로 유명한 북극성이죠. 이렇게 두베와 메라크는 북극성을 찾을 수 있도록 인도해 주는 별이라고 해서 '지극성'이라고 불립니다. 이 두 별은 오래 전부터 사람들에게 북극성을 찾을 수 있도록 하늘의 화살표 역할을 해주었죠.

북두칠성에서 특히 기억해야 할 별은 국자 손잡이 끝에서 두 번째 별인 미자르입니다. 이 별의 바로 옆에는 알코르라는 작은 별이 바짝 붙어 있는데, 눈이 좋은 사람이 아니면 잘 볼 수가 없는 별이랍니다. 그래서 고대 로마에서는 군인을 뽑는 시력검사에 이 별을 이용했다고 합니다. 이 미자르는 재미있게도 망원경으로 보았을 때 바로 옆에 4등급의 별이 하나 더 붙어 있는 이중성이랍니다.

별자리 내의 볼 만한 관측 대상
• M81, M82 : M81은 북반구의 대표적인 나선은하, M82는 불규칙 은하이다. 쌍안경으로도 잘 보이는 멋진 대상.
• M97 : 올빼미성운. 비교적 어둡지만 성운의 중앙에 올빼미 눈에 해당하는 2개의 어두운 부분이 있다. 망원경으로 보아야 보인다.
• M101 : 표면 밝기는 어두우나 비교적 큰 대형 나선은하이다.
• 미자르 : 북두칠성의 여섯 번째 별로, 12분각 떨어진 곳에 4등성 별 알코르가 붙어 있어 맨눈으로도 2개로 보인다. 미자르는 망원경으로는 바로 옆 14초각 떨어진 곳에 4등성이 붙어 있는 이중성이다.

2. 작은곰자리(Ursa Minor)

큰곰자리에서 더욱 북쪽의 하늘을 보면 북두칠성과 닮은꼴인 별자리가 하나 보인답니다. 크기가 조금 작지만, 별의 개수도 일곱이고 모양까지 아주 비슷하죠. 이 별자리가 바로 작은곰자리예요. 작은곰자리에는 뚜렷하게 밝은 별도 없고 크기도 보잘것없지만, 아주 유명하게 된 데는 그럴 만한 이유가 있답니다.

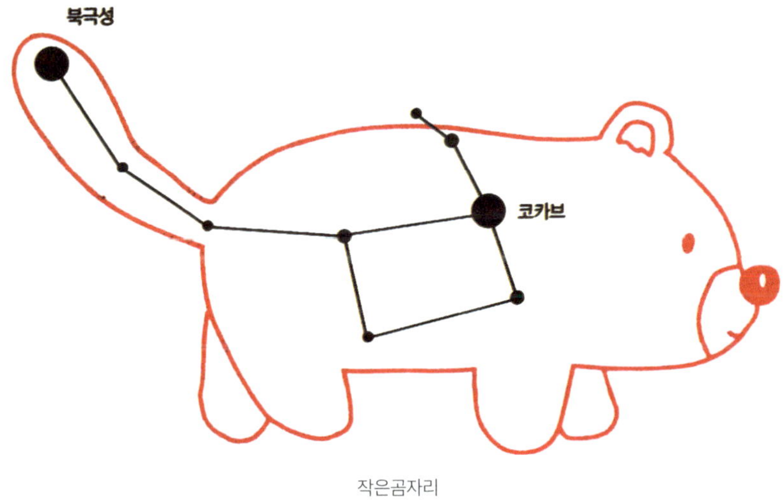

작은곰자리

이 별자리의 알파별인 2등성이 바로 이름도 거룩한 북극성이랍니다. 우리가 보기에는 모든 별들이 이 북극성을 중심으로 돌고 있죠. 따라서 우리나라에서는 맑은 날이면 매일 밤 이 북극성을 볼 수 있죠. 북두칠성이 큰 국자라면, 작은곰자리는 작은 국자라고 할 수 있는데, 북극성은 바로 작은 국자의 손잡이 끝부분에 해당하죠.

그럼 이 7개의 별들로 어떻게 작은곰을 상상할 수 있을까요? 4개의 별은 작은곰의 몸통이 되고, 북극성으로 이어지는 별들은 치켜올려진 작은곰의 꼬리가 됩니다. 어때요? 귀여운 작은곰의 모습이 떠오르지 않나요? 북두칠성만큼 밝은 별들로 이루어져 있지는 않지만, 하늘의 정북에 있기 때문에 찾기도 쉽고 보기도 쉬운 별자리가 바로 작은곰자리랍니다.

어떻게 찾을까요? 작은곰자리의 알파별인 북극성만 찾는다면 작은곰자리는 쉽게

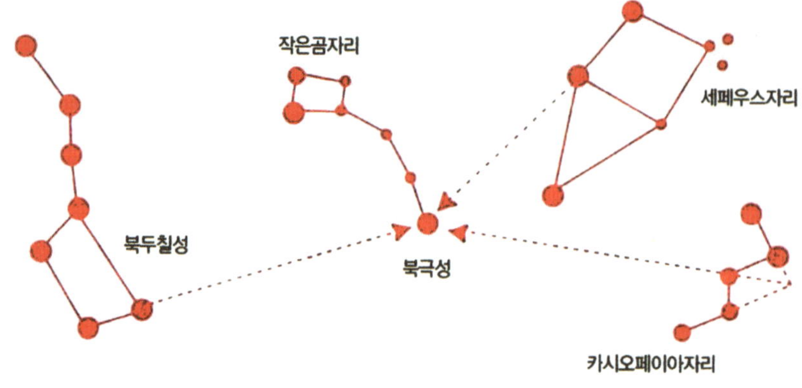

작은곰자리 찾는 법

알아볼 수 있죠. 북극성은 별의 일주운동에서 중심이 되는 별인만큼 거의 움직임이 없답니다. 북극성을 찾으려면 먼저 북두칠성을 찾아서, 국자의 끝부분인 2개의 별(지극성)을 잇는 직선을 5배 가량 연장하세요. 그러면 그 직선의 끄트머리에 북극성이 달랑 매달린 것을 보게 되죠.

두 번째 방법은 카시오페이아자리에서 양날개처럼 벌어진 양쪽 끝 별들을 잇는 선을 연장하면 두 직선이 만나게 됩니다. 그다음 이 직선이 만난 점에서 카시오페이아자리의 가운데 별을 잇는 직선을 북쪽으로 5배 가량 연장하면 역시 그 끝에서 반짝이는 북극성을 볼 수 있죠.

북극성이 위치한 방향이 바로 정북입니다. 북극성을 찾고 나면 나머지 별들을 찾는 것은 매우 쉽답니다. 북두칠성과 비슷한 모양으로 연결되어 있으니까요. 작은곰자리를 이루는 작은 국자 모양의 7개 별들은 북두칠성의 끝부분 방향으로 향해 있어요.

작은곰자리의 별들　작은곰자리의 별들 중에서 가장 유명한 별은 말할 것도 없이 북극성이죠. 영어로는 폴라리스(Polaris)라고 하는 북극성은 이 별자리의 알파별로서 가장 밝은 2등성입니다. 게다가 4일을 주기로 약간씩 밝기가 변하는 변광성이기도 하죠.

거리는 지구에서 430광년이라 하니 엄청 멀리 있는 별이죠. 여러분이 오늘 밤 이 북극성을 봤다면, 그 별빛은 430년 전에 북극성에서 출발한 빛인 셈이죠. 430년 전이라면 우리나라가 일본에게 침략당하던 임진왜란 때쯤 되는 거쇼. 어때요, 우주란 정말 놀라운 곳이 아닌가요?

북극성의 위치는 정확하게 하늘의 북극에 자리잡은 것은 아니랍니다. 실제로는 북극성도 하늘의 북극에서 약 1도쯤 벗어난 곳에 있죠. 그러니까 북극성도 하늘의 북극을 중심으로 작은 원을 그리며 일주운동을 하고 있죠. 하지만 그 원은 아주 작아 보름달 2개가 들어갈 정도의 크기에 지나지 않답니다.

마지막으로 중요한 얘기 하나 더—. 북극성은 여러분의 이름처럼 고유명사가 아니라 보통명사로, '하늘의 북극에 있는 별'이란 뜻이랍니다. 그래서 지금부터 약 1만 2,000년이 지나면, 세차운동으로 인해 거문고자리의 알파별인 직녀성(베가)이 북극성이 될 거라네요.

참으로 재미있고 신기한 별의 세계죠? 하지만 그것은 먼 훗날의 일이고, 앞으로 1,000년 동안 북극성은 하늘의 북극에 있는 가장 가까운 별로서 북쪽 하늘에서 아름답게 반짝거릴 거예요.

별자리 내의 볼 만한 관측대상
• 북극성(α UMi) : 노란색의 밝은 별인 북극성은 약 18초각 떨어진 곳에 8등급의 작은 별이 붙어 있는 이중성이다. 망원경으로 봐야 보인다.

3. 카시오페이아자리(Cassiopeia / Cas)

파란 하늘이 끝없이 펼쳐지는 가을에 접어들면 밤하늘에는 은하수가 북서쪽에서 북동쪽으로 하늘을 가로질러 흐릅니다. 이 은하수 주변으로 새하얗게 빛나는 별들이 많이 보이죠. 시원한 가을바람을 타고 이 별들은 우리의 마음을 신선하게 해줍니다.

이 무렵 우리는 하늘을 가로지르는 은하수의 북쪽에 W자 모양을 이루며 밝게 빛나는 5개의 별을 볼 수 있답니다. 이것이 바로 유명한 카시오페이아자리입니다.

카시오페이아자리는 하늘 북극에 가까이 있어, 우리나라에서는 거의 1년 내내 볼 수 있는 별자리 중의 하나죠. 북두칠성이 지평선 가까이 있어 잘 보이지 않을 때, 이 별자리가 대신 북극성을 찾는 길잡이가 되어 준답니다.

그럼 W자를 그리고 있는 이 별자리에서 옛날 사람들은 어떻게 에티오피아 왕비의 모습을 상상했을까요? 옛날 사람들은 이 별자리를 보고 의자에 앉아 두 팔을 벌리고 있는 왕비의 모습을 머릿속으로 그렸답니다.

어떻게 찾을까요? 카시오페이아자리는 가을 은하수의 한 부분에 자리하고 있기 때문에, 맑은 밤하늘을 볼 수 있는 시골에서 보면 많은 별무리 속에서 유난히 밝게 빛나는 W자의 별 5개를 찾을 수 있죠.

이 별자리가 하늘 높이 떠오르면 W자 모양이 M자 모양으로 바뀌므로, 이 점을 주의할 필요가 있어요. 하지만 별자리 모양이 너무나 뚜렷하여 북쪽 하늘을 쳐다보면 금방 찾을 수 있죠. 하지만 직접 찾기가 어렵다면 좀 더 쉬운 별자리인 북두칠성에

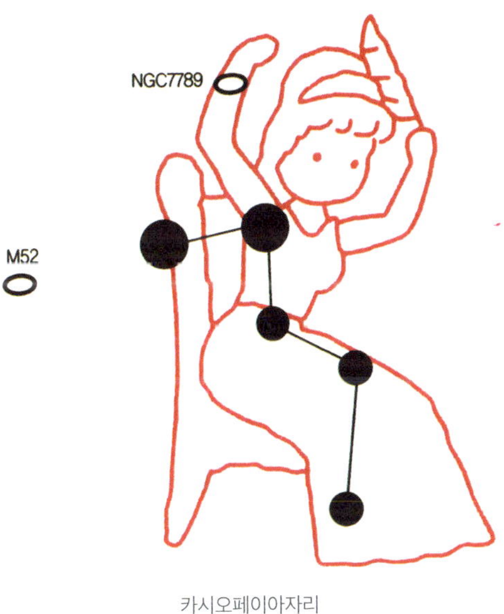

카시오페이아자리

서 찾아갈 수도 있답니다.

카시오페이아자리는 북극성을 중심으로 북두칠성의 정반대편에 있죠. 그다음 북극성을 찾아내고, 북극성을 중심으로 북두칠성의 맞은편 하늘에 눈길을 주면, 아름다운 5개의 별로 이루어진 카시오페이아를 찾을 수 있답니다.

카시오페이아자리의 별들 의자에 우아하게 앉아 있는 여왕의 가슴 부근에서 반짝이는 별이 카시오페이아자리의 알파별인 쉐다르랍니다. 이 별은 비교적 밝은 별에 속하는 2등성으로 W자의 끝에서 두 번째 별이죠. 그리고 오른팔에서 빛나는 별 역시 2등성으로 카프라는 별인데, 이 별은 W자에서 맨 끝에 있답니다.

5개의 별 중 W자가 시작되는 첫 번째 별은 3등성으로 가장 어둡죠. 나머지 별 넷은 모두 2등성의 밝은 별들이고요. 그 때문에 카시오페이아는 눈에 잘 띄는 별자리죠.

카시오페이아자리 찾는 법

이 카시오페이아자리에는 천문학적으로 유명한 사건이 하나 있었죠. 바로 1572년, 이 별자리에 금성보다도 더 밝은 초신성이 나타났던 거예요. 당시 네덜란드의 유명한 천문학자인 튀코 브라헤는 이 별을 관측하고 연구했죠. 그래서 이 별의 이름은 '튀코의 별'이라고 불립니다.

튀코는 젊었을 때 누가 수학을 잘하나 하고 친구와 다투다가 칼로 결투를 벌인 끝에 코끝이 떨어져나갔어요. 그래서 구리 합금으로 만든 가짜 코를 평생 달고 다녔죠. 싸움은 참 어리석은 짓이죠.

별자리 내의 볼 만한 관측 대상

• M52 : 카시오페이아의 알파별과 베타별을 연결한 선을 밖으로 그만큼 연장한 곳에 위치한 산개성단이다. 쌍안경으로도 쉽게 보일 만큼 매우 밝다.

• NGC 7789 : 카시오페이아의 맨 끝별인 베타별에서 조금 떨어진 곳에 위치한 산개성단이다. 망원경으로 보면 헤아릴 수 없을 만큼 많은 별들이 보인다.

39. 봄 밤하늘의 유명한 별자리

봄철의 별자리를 찾는 데 길잡이가 되어주는 것은 북두칠성이죠. 북두칠성의 손잡이 끝을 둥글게 이어서 남쪽으로 뻗어 가면, 목자자리의 밝은 별 아르크투루스를 만날 수 있으며, 그 둥근 선을 더욱 이어가면 처녀자리의 스피카가 아름답게 반짝이는 모습을 볼 수 있답니다.

이 북두칠성의 손잡이에서부터 시작하여 아르크투루스와 스피카를 지나 까마귀자리에까지 이르는 곡선을 봄의 대곡선이라고 일컫죠. 그리고 목자자리의 서쪽에는 사자자리의 밝은 별 레굴루스와 데네볼라가 찬란히 빛납니다.

위에서 말한 아르크투루스와 스피카 그리고 데네볼라는 모두 1등성, 2등성의 밝은 별로서, 이 세 별을 이으면 거의 반듯한 정삼각형이 됩니다. 이 삼각형을 가리켜 봄의 대삼각형이라고 하죠. 봄의 대곡선과 봄의 대삼각형이 봄철 별자리의 기본이랍니다.

1. 사자자리(Leo)
겨울이 지나고 따스한 봄이 돌아오면 밤하늘에도 많은 변화가 생깁니다. 겨울밤을 밝히던 화려한 은하수와 밝은 별들이 서쪽 너머로 사라지고, 봄

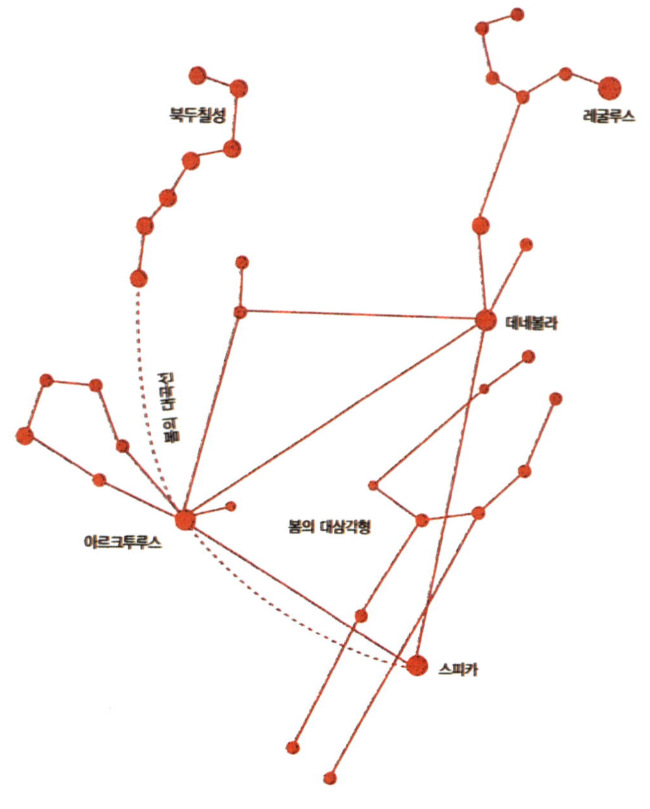

봄의 대곡선과 봄의 대삼각형

의 밤하늘에서는 비교적 조용한 별들의 세계가 펼쳐지죠. 이를 두고 사람들은 겨울철의 별자리는 요란하고 봄철의 별자리는 조용하다고 표현하기도 했죠.

북쪽 하늘에는 큰 국자를 닮은 유명한 북두칠성이 하늘 높이 떠오릅니다. 그 국자 남쪽으로 우리는 사자가 포효하는 장엄한 모습을 만날 수 있죠. 바로 봄철을 대표하는 웅장한 별자리인 사자자리랍니다.

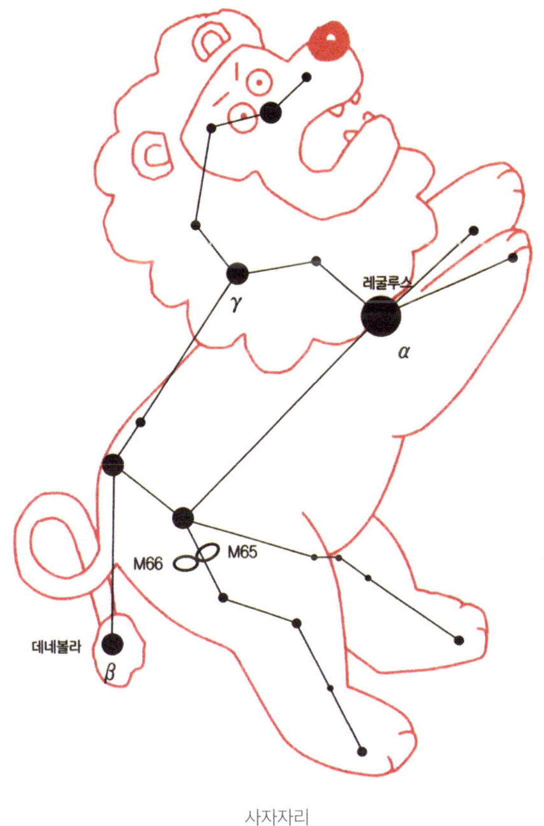

사자자리

　사자자리의 머리에 속하는 앞부분은 서양의 큰 낫과 같은 꼴을 하고 있어, 서양에서는 낫이라고 부르기도 한답니다. 하지만 우리가 보기에는 물음표(?)를 거울에 비춘 모습같이 보이죠. 이 물음표의 아래쪽에 사자자리에서 가장 밝은 별인 레굴루스가 빛나고 있죠. 사자의 엉덩이 쪽에는 2등성, 3등성으로 이루어진 세 별이 작은 삼각형을 이루고 있죠. 이 세 별 중 가장 동쪽에 위치한 별이 바로 봄의 대삼각형을 이루는 별인 데네볼라입니다.

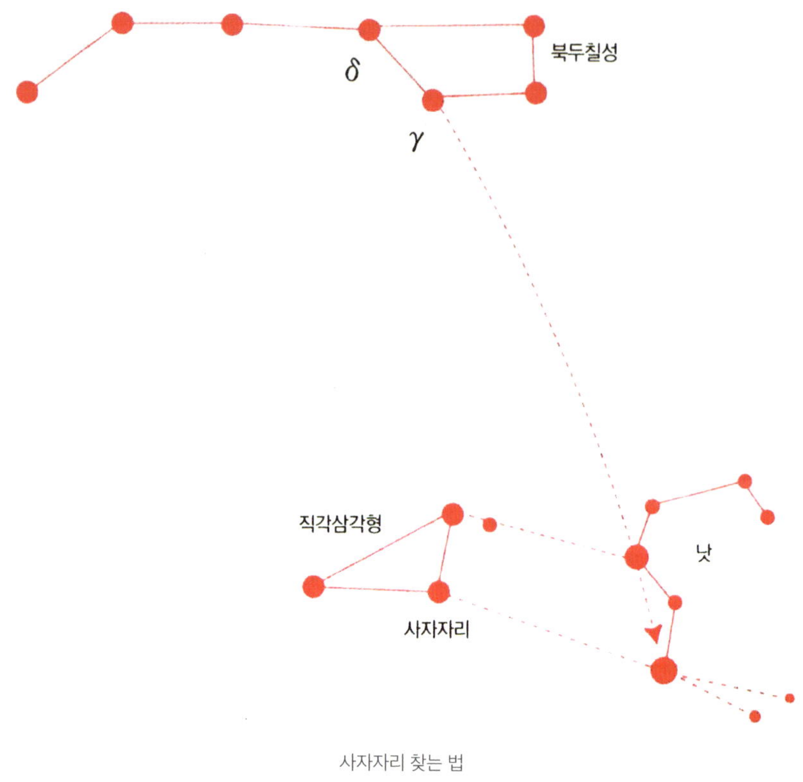

사자자리 찾는 법

어떻게 찾을까요? 사자자리를 찾을 때에는 국자 모양의 북두칠성이 믿음직한 길잡이 노릇을 해줍니다. 국자의 앞에서 세 번째와 네 번째의 별을 연결한 선을 천정 방향으로 연장시켜 보면 1등성의 밝은 별 레굴루스에 이르게 됩니다.

사자자리에서 가장 밝은 별인 레굴루스를 찾으면, 그다음에는 바로 레굴루스를 끝으로 하는 물음표의 뒤집어진 모습을 찾습니다. 이 물음표를 이루는 별들은 그리 밝지 않지만 모양이 특이하여 눈에 잘 띄죠. 이 부분이 바로 사자의 앞쪽입니다. 사자는 서쪽 하늘을 보며 앉아 있는 모습이죠. 따라서 사자의 몸체 뒷부분은 물음표의 동쪽에 있죠. 레굴루스의 동쪽으로 조금 떨어진 곳에 밝은 2등성 데네볼라가 있고요.

이 데네볼라는 봄의 대삼각형의 한 꼭짓점이므로 봄의 대삼각형을 찾을 수 있다면 더 도움이 되겠죠. 데네볼라는 사자자리의 맨 끝이며, 부근에 있는 2개의 별과 함께 삼각형을 만들고 있죠.

사자자리의 별들 자리의 별 중에서 가장 유명한 별은 1등성 레굴루스랍니다. 사자 가슴께에서 보석처럼 이름답게 빈찍이는 레굴루스는 '작은 임금'이라는 뜻을 지니고 있죠. 여러분과 이 별 사이의 거리는 약 70광년이랍니다.

사자의 꼬리에 해당하는 2등성 데네볼라도 레굴루스에 못지않게 유명한 별이랍니다. 왜냐하면, 데네볼라는 앞에서 얘기한 것처럼 목자자리의 아르크투루스, 처녀자리의 스피카와 함께 봄의 대삼각형을 이루는 별 중의 하나이기 때문이죠. 그리고 사자의 목 부분에 오렌지색으로 빛나는 아름다운 별이 있어요. 알기에바라는 이 별은 망원경으로 보면 주성이 2.6등성, 동반성이 연두색의 3.8등성인 아름다운 이중성이죠.

사자자리의 머리에 속하는 물음표 부분은 유명한 사자자리 유성군의 복사점*으로, 매년 11월 17일쯤이면 이곳에서 많은 유성들을 볼 수 있답니다. 이 유성군은 약 33년을 주기로 큰 유성우를 내리는 것으로 옛날부터 유명하죠. 우리나라에도 조선 시대에 이 유성우에 대한 기록이 남아 있을 정도랍니다.

별자리 내의 볼 만한 관측 대상
• M65, M66 : 사자자리에는 많은 외부 은하들이 있다. M65, M66은 그 대표적인 은하들이다. 비교적 밝은 나선은하로 망원경에서 나란히 보인다.
• 알기에바(γ Leo) : 망원경으로 보면 2등성과 3등성의 밝은 별이 4초각 떨어져 있는 아름다운 모습이다. 이 이중성은 지금 현재 조금씩 서로 멀어지고 있다고 한다.

* 복사점 : 지상에서 볼 때 중앙의 한 점에서 사방으로 바퀴살처럼 죽죽 뻗친 모양으로 뻗어나오는 유성우 또는 유성군이 시작되는 천구상의 한 점을 말한다.

2. 목자자리(Boötes)

따스한 봄이 깊어 가면 밤하늘에는 더 이상 은하수가 보이지 않게 됩니다. 하지만 비교적 밝은 별들로 이루어진 멋진 별자리들이 화려하지는 않지만 뚜렷하게 떠오르죠. 1년 중 가장 조용하면서도 그윽한 멋을 풍기는 밤하늘이 바로 이 무렵이죠.

봄의 밤하늘에서 가장 큰 볼거리로는 하늘 높이 떠오르는 아주 밝은 오렌지색 별이 하나 있죠. 이 별이 바로 목자자리의 알파별인 아르크투루스로서, 온 하늘에서 세 번째로 밝은 별이죠. 우리나라의 밤하늘 별 중에서는 한겨울 큰개자리의 시리우스 다음으로 밝은 별이랍니다. 따라서 봄의 밤하늘에서는 가장 밝은 별이죠.

이 별을 포함하고 있는 목자자리는 1등성 아르크투루스를 중심으로 3등성, 4등성의 5개의 별들이 길쭉한 큰 마름모꼴을 이루고 있는 별자리입니다. 그 마름모꼴은 옛날 사람들은 하늘을 나는 연으로 묘사하기도 했다네요. 별자리에서는 이 마름모꼴에 목자의 몸통을 그리고 있죠.

아르크투루스의 양옆으로는 각기 좌우로 별들이 뻗어 있어요. 이 별들은 목동의 양다리를 나타내죠. 또 오각형의 서쪽 위로도 별들이 뻗어 있는데, 이 별들은 목자의 왼팔로, 북두칠성의 국자 끝으로 향해 있답니다.

옛날 그리스 사람들은 이 별자리를 소를 모는 목자의 모습으로, 또 용감한 곰 사냥꾼의 모습으로 보았답니다. 중세에 그려진 별자리의 그림에서는 오른손에 몽둥이를 들고, 왼손에는 가죽 채찍을 든 모습으로 그려져 있죠.

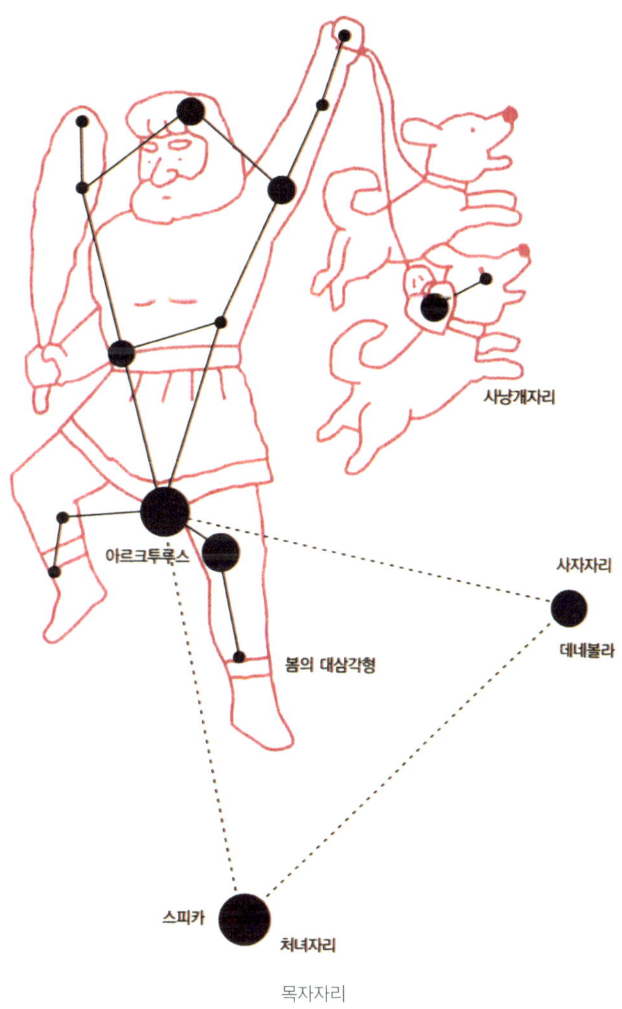

어떻게 찾을까요? 아르크투루스는 봄철의 밤하늘에서 가장 밝은 별이기 때문에 쉽게 찾을 수 있죠. 봄의 하늘에서 천정 부근에 높이 떠 있는 가장 밝은 오렌지색 별을 찾는다면 그것이 바로 아르크투루스랍니다. 이 별만 찾고 나면 밤하늘에서 목동을 그리는 것은 매우 쉽죠.

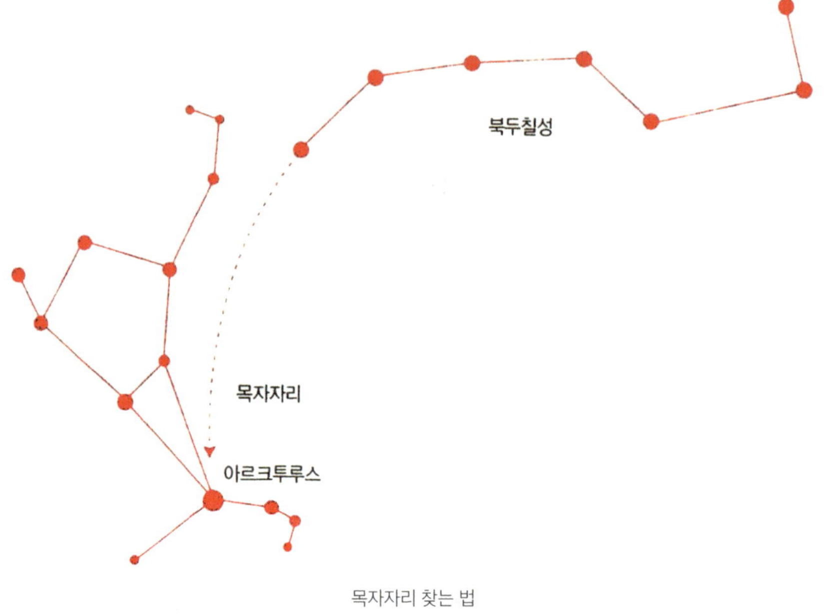

목자자리 찾는 법

목자자리를 쉽게 찾는 또 하나의 방법은 먼저 북두칠성을 찾는 거랍니다. 목자자리는 북두칠성의 국자 자루에서 조금 떨어진 곳에 있기 때문이죠.

북두칠성의 국자 자루가 조금 휘어져 있는데, 그 자루의 곡선을 1.5배쯤 연장하여 하늘을 더듬어보세요. 그러면 틀림없이 오렌지색으로 아주 밝게 빛나는 별 하나가 눈에 들어올 거예요. 바로 목자자리의 알파별 아르크투루스입니다. 이 곡선을 좀 더 연장하면 처녀자리의 스피카에까지 이어지는데, 이 휘어진 곡선을 봄의 대곡선이라 하죠. 일단 아르크투루스를 찾으면 마름모꼴을 이루고 있는 윗부분과 다리에 해당하는 아래의 별을 정확히 확인할 수 있죠.

목자자리의 별들 목자자리 알파별인 아르크투루스는 봄 하늘에서 가장 밝은 1등성으로서, 처녀자리의 스피카와 사자자리의 데네볼라와 함께 봄의 대삼각형을 이루는 아름다운 오렌지색 별입니다. 거리는 36광년이며, 지름은 태양의 24배나 되는 아주 큰 별이죠. 달력이 없었던 옛날에는 이 별을 보고 계절의 변화를 알 수 있었다고 해요.

아르크투루스는 또 처녀자리 스피카와 더불어 '봄철의 부부별'이라고도 불리죠. 목동의 머리쯤에서 빛나는 3등성의 별은 네카르라 불리는데, '소를 모는 사람'이란 뜻을 지니고 있답니다.

망원경으로 목자자리에서 특히 볼 만한 별은 목자의 허리띠에서 반짝이는 2.7등급의 이자르란 별이랍니다. 이 별은 유명한 이중성으로서, 지름 60mm의 망원경으로 보면 황금색의 이자르 바로 옆에 청록색의 5.1등성이 달랑 매달린 듯한 모습을 볼 수 있죠. 이 이중성은 색깔의 대조가 너무나 아름답기 때문에 19세기 러시아의 천문학자인 스트루베는 이 별에 '풀리체리마(가장 아름다운 별)'라는 이름을 붙여 주었답니다.

별자리 내의 볼 만한 관측 대상
• 이자르(ε Boo) : 하늘에서 가장 아름다운 별이라는 뜻의 풀리체리마라는 이름으로도 불리는 이자르는 망원경으로 보면 황금색과 청록색이 어우러진 멋진 이중성으로 보인다.

3. 바다뱀자리(Hydra / Hya)
우리나라에서 보이는 봄철의 남쪽 하늘은 처녀자리의 스피카를 제외하면 밝은 별들이 그리 눈에 띄지 않아요. 그렇기 때문에 사람들에게 별로 주의를 끌지 못하죠. 이 남쪽 하늘을 남서쪽 끝에서 남동쪽 끝으로 길게 가로지르는 별자리가 하나 있답니다. 바로 바다뱀자리죠. 이 별자리는 88개의 별자리 중에서 가장 긴 별자리랍니다.

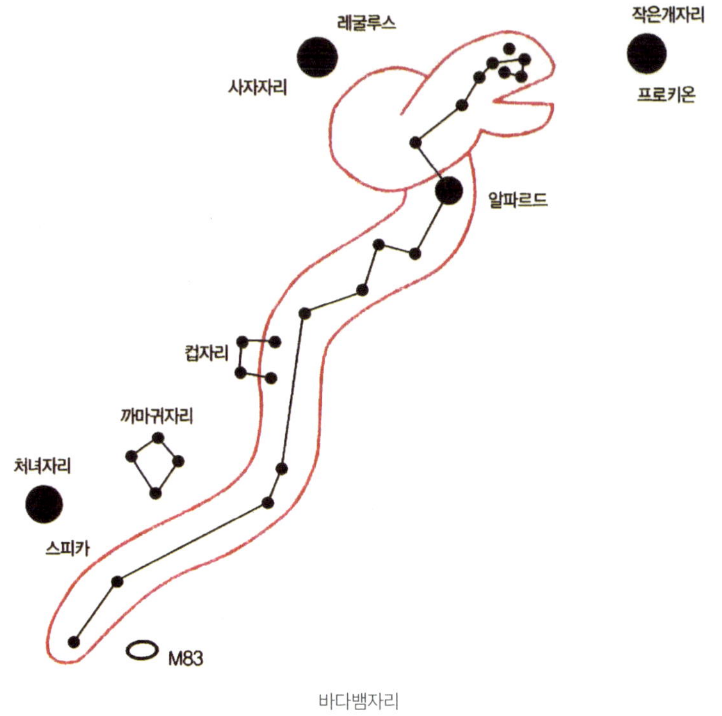

바다뱀자리

봄철의 남쪽 하늘에 보이는 바다뱀자리의 머리는 2월이면 벌써 초저녁 하늘에 보이기 시작하며, 꼬리는 여름의 대표적인 별자리인 전갈자리 근처 까지 길게 뻗어 있어요.

바다뱀자리의 머리는 겨울철의 밝은 별인 작은개자리의 알파별 프로키온과 봄철의 별자리인 사자자리의 알파별 레굴루스 사이에 있죠. 이곳에는 작은 별자리인 게자리가 있고, 게자리 아래쪽에는 바다뱀의 머리라 할 수 있는 오각형으로 모인 별들이 눈에 띄죠. 5개의 별들로 이루어진 그 형상은 작고 앙증맞아서 매우 귀엽답니다.

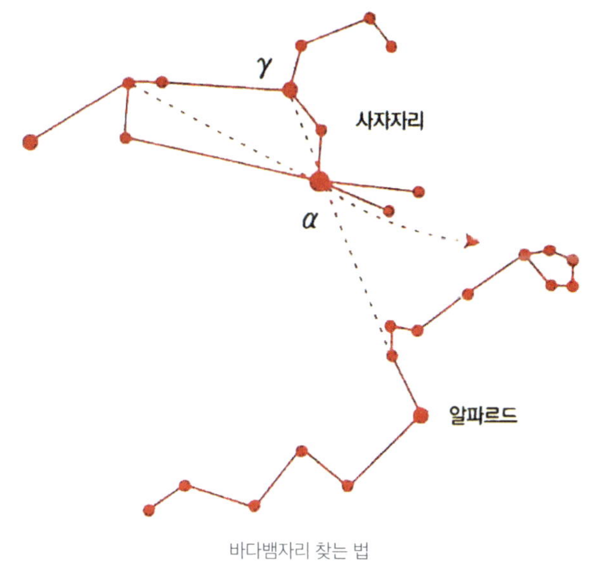

바다뱀자리 찾는 법

　바다뱀자리는 2등성에서 4등성까지의 별들이 길게 구불구불 늘어선 모양을 하고 있죠. 이 별자리를 하늘에서 그릴 수 있다면 여러분들은 별자리에 대해 매우 넓은 지식을 가지고 있다고 할 수 있어요.

어떻게 찾을까요?　바다뱀자리를 찾는 데 가장 좋은 길잡이가 되는 것은 사자자리입니다. 사자자리의 감마별과 알파별을 잇는 곡선을 2.5배쯤 연장하면 바다뱀자리의 알파별인 알파르드에 이르게 되죠.

이 별은 밝은 2등성으로, 밝은 별이 별로 없는 이 부근에서 눈에 잘 띄죠. 게다가 알파르드는 붉은색을 띠고 있어 쉽게 찾을 수가 있죠. 이 별은 붉은 별답게 바다뱀의 심장 부분에 있어요.

바다뱀자리를 확인할 때 필요한 또 다른 한 부분은 바다뱀의 머리입니다. 이 머리 부분은 3등급 가량의 별들로 이루어진 작은 오각형으로 보이죠. 게자리 아래쪽에 위치해 있으므로 게자리를 찾을 수 있으면 쉽게 찾을 수 있답니다. 또는 사자자리에서 남서쪽 방향으로 조금만 시선을 이동시켜도 작은 5개의 별들이 모인 머리 모습을 확인할 수 있죠.

그럼 이제 바다뱀의 머리에서 바다뱀의 심장으로 별들을 연결해 보세요. 주변에 별다른 별자리가 없으므로 쉽게 연결할 수 있을 거예요. 이 바다뱀자리의 옆에는 작은 별자리들인 까마귀자리, 컵자리, 천칭자리가 각각 자리잡고 있죠.

바다뱀자리의 별들　바다뱀자리에서 가장 밝은 알파별은 2등성 알파르드입니다. 이 별은 붉은빛을 띠고 있기 때문에 중국에서는 '붉은 봉황'이란 뜻으로 주작이라 불렀답니다. 또 코르 히드레라는 이름도 가지고 있는데, 이는 '바다뱀의 심장'이라는 뜻이죠. 별의 의미에 걸맞게 이 별은 바다뱀의 가슴 부분에 있답니다.

바다뱀자리의 꼬리 부분에는 유명한 나선은하 M83이 있답니다. 남쪽풍차은하라는 이름을 갖고 있는 이 은하는 작은 망원경으로도 관찰할 수 있어요. 또 그 근처에는 아름다운 구상성단인 M68도 있답니다.

별자리 내의 볼 만한 관측 대상
• M68 : 바다뱀자리의 구상성단
• M83 : 봄철 남쪽 하늘에서 볼 수 있는 나선은하. 남쪽 하늘 낮은 곳 지평선 부근에 있다. 밝기는 8등급 가량으로 매우 밝은 편이다.

4. 처녀자리(Virgo / Vir)

산과 들이 초록으로 물들며 울긋불긋 꽃들이 수놓을 때쯤이면 초저녁 하늘에서 사자가 울부짖고 뒤따라 목자가 밤하늘을 밝히죠. 그 무렵 목자 아

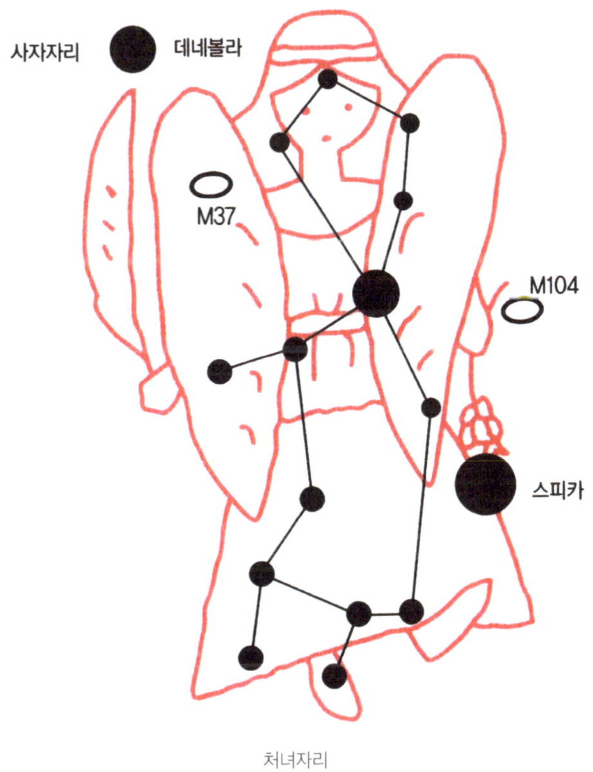

처녀자리

래로 순결한 처녀가 수줍게 모습을 나타냅니다. 바로 봄의 하늘에서 남쪽 하늘을 대표하는 별자리인 처녀자리랍니다.

봄의 밤하늘 남쪽 처녀자리 중앙에는 유달리 하얀 밝은 별 하나가 반짝입니다. 이 별이 바로 처녀자리의 알파별인 스피카랍니다. 이 별은 그 색깔 때문에 많은 사람들이 대단히 좋아하는 별이죠. 바로 순결함의 상징이라고나 할까요. 이 별은 사자자리의 데네볼라, 목자자리의 아르크투루스와 함께 봄의 대삼각형을 이루죠.

처녀자리는 Y자 형상으로 표현됩니다. 이 Y자의 중앙에 바로 스피카가 있죠. 사실 이 모습만으로는 이 별자리에서 여인의 모습을 발견하기란 쉽지가 않죠. 상상력이 무척 필요한 별자리라고 할까요?

처녀자리의 별들　처녀자리의 알파별인 스피카는 '보리 이삭'이라는 뜻이랍니다. 처녀의 왼손에 보리 이삭이 들려 있는 것으로 보아, 이 처녀는 농업의 여신 딸인 풍작의 여신이라고 옛 사람들은 생각했답니다.

처녀라는 이름에 걸맞게 깨끗한 흰색으로 빛나는 스피카는 이 때문에 어떤 나라에서는 '진주별'이라는 아름다운 이름으로 불리기도 하죠. 스피카는 실제로는 표면 온도가 2만 도가 넘을 정도로 별들 중에서도 온도가 높고 밝답니다.

한편, 망원경을 통해 실제로 쌍성임을 확인할 수 있는 별도 있죠. 바로 처녀자리의 Y자 꼴 중에서 한가운데에 있는 감마별인 포리마가 그렇답니다. 이 별은 중성과 동반성이 모두 3.6등급의 별로서, 불과 4초각 정도 떨어져 서로 돌고 있죠. 지름 50mm의 망원경으로 보면 흰색과 노란색의 2개의 별로 매우 예쁘게 보여요.

처녀자리는 외부 은하들이 대단히 많이 모여 있는 별자리입니다. 망원경으로는 겨누는 곳마다 은하가 보일 정도로 온 천지에 널려 있죠. 그중에서도 머리털자리와 경계를 이루는 Y자의 왼쪽 내부에 가장 많은 은하들이 밀집해 있답니다. 이곳에 있는 은하들을 가리켜 머리털-처녀자리 은하단이라고 합니다.

별자리 내의 볼 만한 관측 대상
• M87 : 거대한 타원은하로 이 부근에 몰려 있는 수많은 은하들의 왕자다. 이 은하는 은하 내부에서 뿜어져 나오는 제트가 발견된 것으로도 유명하다.
• M104 : 유명한 맥고모자 은하다. 생긴 모습 때문에 이런 이름이 붙었다. 은하의

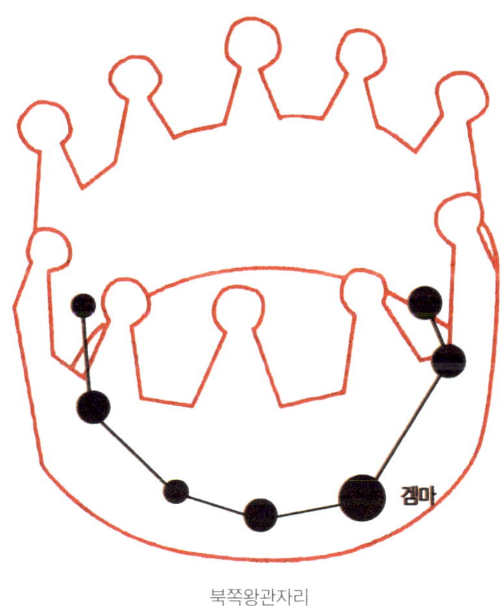

북쪽왕관자리

중앙으로 검은 줄이 지나는데, 은하 내부의 먼지가 은하의 빛을 가리기 때문에 생긴 것이다.

5. 북쪽왕관자리(Corona Borealis / CrB)

봄도 거의 끝나가고 초여름의 싱그러움이 눈앞에 다가올 무렵 밤하늘에서도 봄을 떠나보내고 여름을 맞이할 준비를 합니다. 바로 봄을 대표하는 사자자리가 서쪽으로 뉘엿뉘엿 넘어가고, 저 멀리 동쪽 지평선에는 여름철 별자리가 하나둘 모습을 드러내기 시작하죠.

이 무렵 하늘 높이 목자자리의 오렌지색 밝은 별 아르크투루스가 자태를 뽐내죠. 아르크투루스 동쪽으로는 7개의 별들이 모여 작은 반원을 이루고 있는 것을 볼 수 있어요. 이것이 바로 7개의 보석으로 이루어진 북쪽왕관자

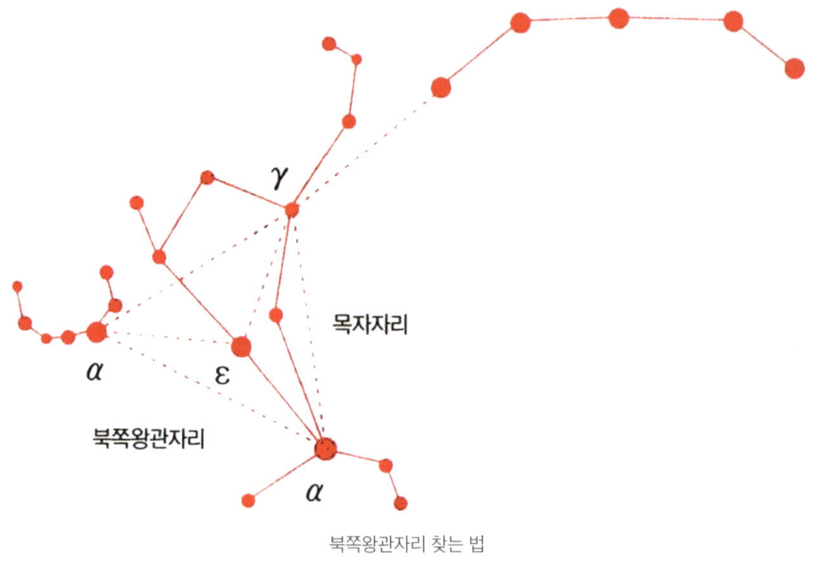

북쪽왕관자리 찾는 법

리입니다. 북쪽왕관자리는 크기가 작고 그다지 눈에 띄는 별이 없지만, 작고 귀여운 모양으로 사람들에게 사랑받는 별자리 중 하나랍니다.

어떻게 찾을까요? 북쪽왕관자리는 어둡고 작은 별자리여서 조금 어렵긴 하지만, 북쪽왕관자리의 알파별만은 찾기가 어렵지 않아요. 북쪽왕관자리를 찾는 데 가장 좋은 길잡이가 되는 것은 목자자리랍니다.

목자자리의 알파별 아르크투루스 주변을 자세히 보면 처녀자리에서 보았던 Y자와 매우 비슷한 Y자를 하나 찾을 수 있답니다. 이 Y자의 아래쪽에는 아르크투루스가 있고, Y자의 중간에는 아름다운 별 이자르가 있죠. Y자의 서쪽 끝에는 목자자리 마름모꼴에 속하는 감마별인 세기누스가 자리잡고 있고요. 자, 그럼 Y자의 다른 한쪽 끝인 동쪽 끝에는 무슨 별이 자리잡고 있을까요? 바로 북쪽왕관자리의 알파별인 겜마가 빛나고 있답니다.

겜마를 찾고 나면 왕관을 그릴 수 있죠. 겜마의 동쪽으로 4개의 별이, 또 서쪽으로 2개의 별이, 겜마까지 합하여 모두 7개의 별이 반원을 형성하고 있는 모습을 볼 수 있답니다.

북쪽왕관자리의 별들 북쪽왕관자리의 으뜸별인 2.2등성 겜마는 라틴어로 '보석'이라는 뜻을 지니고 있어요. 북쪽왕관사리에서 가장 밝은 별다운 이름이죠. 그 때문에 이 별은 많은 여성들로부터 사랑받고 있는 별이라고 해요. 겜마는 고대에는 알페카라고 불리기도 했답니다.

그런데 아랍에서는 이 별을 '거지의 접시'라고 불렀다고 하네요. 저런~. 반달 모양의 북쪽왕관자리가 아랍 사람들에게는 깨진 접시쯤으로 보였던 모양이죠. 이처럼 여러 이름으로 불리는 겜마는 사실 그 밝기가 자주 변하는 변광성이자, 분광쌍성이랍니다. 17.36일을 주기로 2.24등급에서 2.35등급 사이를 오락가락하고 있답니다.

별자리 내의 볼 만한 관측 대상
• R CrB : 북쪽왕관자리에 있는 유명한 변광성. 이 별은 5등급에서 14등급에 이르기까지 불규칙하고 폭넓게 밝기가 변한다.

40. 여름 밤하늘의 유명한 별자리

　여름철의 별자리는 여름의 대삼각형을 기준으로 찾을 수 있죠. 거문고자리의 알파별인 베가, 독수리자리의 알타이르, 백조자리의 알파별인 데네브를 이으면 커다란 삼각형을 이루게 되죠. 여름 밤하늘에서 가장 밝은 별들로 이루어진 이 삼각형은 여름철 별자리의 기준이 된답니다.

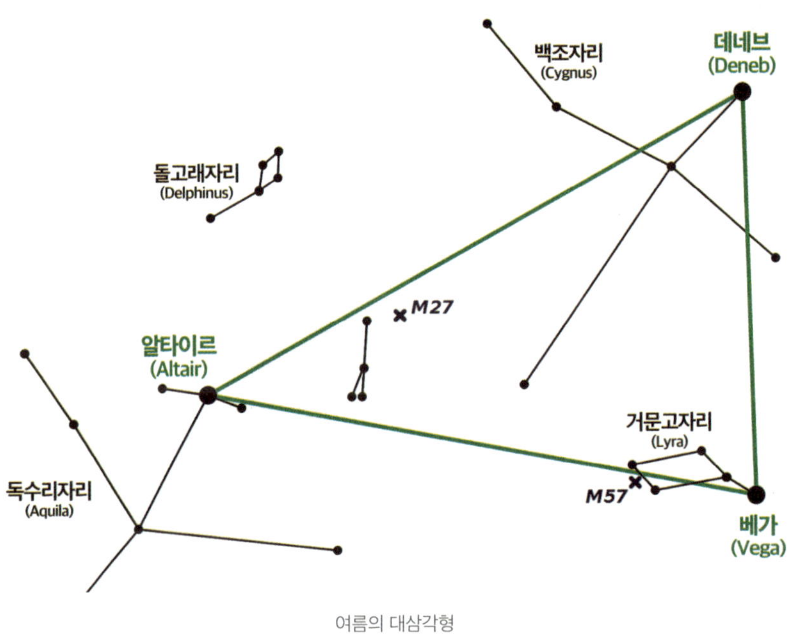

여름의 대삼각형

베가와 알타이르 선을 축으로 하여 데네브를 반대쪽으로 뒤집으면, 그 자리에 뱀주인자리의 2등성 라스 알하게란 별에 포개어집니다. 은하수를 따라 남쪽 하늘로 눈을 옮기면 은하수의 서쪽으로 S자로 굽이치고 있는 전갈자리를 만날 수 있죠.

은하수는 백조자리에서 이 전갈자리의 꼬리 쪽으로 흐르고 있답니다. 은하수의 가장 밝은 곳인 전갈자리 꼬리 부근에는 마치 북두칠성의 축소판처럼 보이는 6개의 별이 있는데, 바로 궁수자리의 남두육성이랍니다. 이 밖에 헤라클레스자리와 북쪽 하늘의 용자리, 돌고래자리, 독수리자리들이 대표적인 여름철의 별자리입니다.

1. 전갈자리(Scorpius / Sco)

여름철 밤하늘을 수놓는 별자리 중에도 특히 우리의 눈길을 끄는 것은 은하수가 남쪽 지평선으로 폭포수처럼 흘러내리는 옆에서 커다란 S자 곡선을 그리고 있는 전갈자리를 꼽을 수 있죠.

여름이 시작되는 6월 무렵, 전갈자리의 앞발에 해당하는 2~3등성의 밝은 별들이 남동쪽 산 위로 우선 떠오르고, 계속해서 1등성 안타레스를 중심으로 보석 같은 별들이 줄지어 잇따라 떠오릅니다.

이처럼 아름다운 별자리이지만, 사막의 무서운 독벌레인 전갈의 이름이 붙은 것은 1등성 앞쪽의 별들이 빳빳하게 쳐든 전갈머리처럼 1자로 길게 늘어서 있기 때문이죠. 전갈자리는 황도 12궁 중 여덟 번째의 별자리로서 유명하며, 그 모양이 S자를 그리고 있어 눈에 잘 띄죠. 남쪽 하늘에 걸려 있을

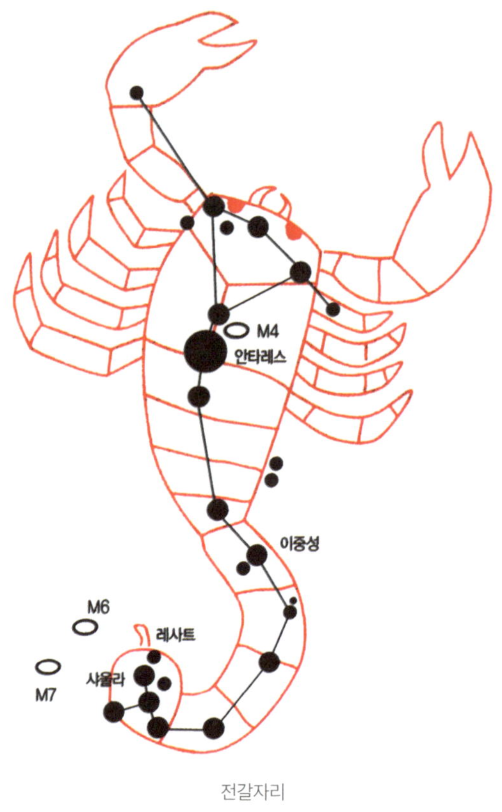

전갈자리

때에는 마치 큰 바다에 던져지는 낚시바늘처럼 보여서, '낚시별'로 불리기
도 해요.

어떻게 찾을까요? 전갈자리는 밝은 별들이 모여 독특한 모습을 그리고 있기 때문
에 누구나 쉽게 찾을 수 있는 별자리죠.

거문고자리의 밝은 별 베가에서 뱀주인자리의 2등성 라스 알하게에 이르는 선을
더욱 연장하면 전갈자리의 1등성 붉은 별인 안타레스에 이르지만, 대개의 경우 남

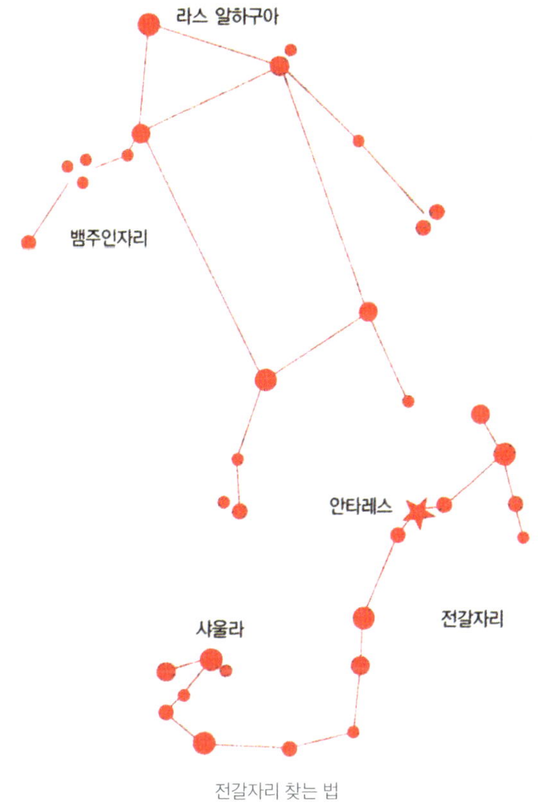

전갈자리 찾는 법

쪽 하늘을 쳐다보면 다른 별자리의 도움을 받지 않고 금세 발견할 수 있어요. 더구나 안타레스는 아주 붉은빛을 띠고 있어 금방 눈에 띄는 1등성이죠.

전갈자리는 S자 모양을 따라서 그려집니다. 안타레스의 앞쪽에는 밝은 3개의 별이 나란히 있는데, 바로 전갈의 머리와 집게발을 뜻하죠. 전갈자리가 남동쪽 하늘에서 떠오를 때면 전갈자리가 똑바로 서서 이 집게발이 유달리 빛을 내고 있음을 확인할 수 있답니다. 전갈자리의 끝부분엔 머리 부분과 비슷하지만, 밝은 세 별이 가까운 간격으로 늘어서 있죠. 전갈이 높이 떠오를수록 이 꼬리 부분이 솟아오른답니다.

전갈자리의 별들　전갈자리의 알파별 이름인 안타레스는 '화성에 대항하는 자' 또는 '화성의 적'이라는 뜻을 지니고 있답니다. 붉은 행성으로 알려져 있는 화성이 태양이 하늘에서 움직이는 길인 황도를 따라와서, 가끔씩 안타레스와 붉은빛을 겨루기 때문에 붙여진 이름이죠.

안타레스가 붉은빛을 띠는 것은 표면 온도가 태양의 온도보다 훨씬 낮은 3,300도밖에 되지 않기 때문이랍니다. 별의 일생에서 보자면 종말이 가까워진 늙은 별로서, 몸이 크게 부풀어오른 적색거성이죠. 크기는 태양의 740배나 되는 엄청나게 큰 별로, 거리는 약 600광년입니다.

전갈자리의 맨 앞에 위치하는 베타 별 아크라브는 하얀색의 깨끗한 느낌을 주는 멋진 별이에요. 이 별은 2.6등성으로, 작은 망원경에서도 멋진 모습을 보여주는 이중성이랍니다. 전갈의 꼬리 끝 독침에 해당하는 람다별인 2등성 샤울라는 바로 옆에 위치한 뉴(ν) 별인 3등성 레사스와 바짝 붙어 있어 매우 흥미롭게 보이죠. 이 별 주위로는 밝은 성운·성단들이 많이 있어서 관측자들을 즐겁게 해준답니다.

별자리 내의 볼 만한 관측 대상
• M4 : 거대한 구상성단으로 1등성 안타레스 바로 옆에 있다. 구상성단 중에서는 비교적 성긴 꼴이다.
• M6, M7 : 전갈의 꼬리 부근에 위치한 밝은 2개의 산개성단. 특히 망원경으로 보이는 M7의 모습은 그야말로 보석을 뿌려놓은 듯하다.

2. 뱀주인자리(Ophiuchus / Oph)

　여름밤 은하수가 동쪽 하늘에 걸리고 남쪽 하늘에 전갈자리가 S자의 곡선을 빛내고 있을 때, 하늘 한복판에는 밝은 별들이 넓게 자리잡습니다. 이 별들은 여름의 대삼각형을 그리는 베가나 데네브만큼 화려하지는 않지만, 하늘의

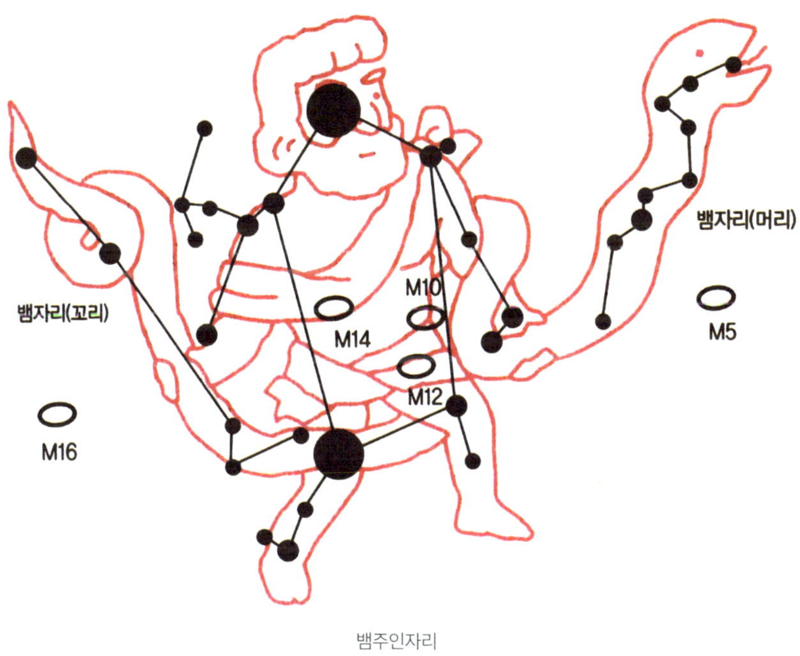

뱀주인자리

매우 넓은 부분에서 뚜렷한 모양을 그리고 있죠. 바로 뱀주인자리랍니다.

뱀주인자리는 얼굴을 뜻하는 별 3개로 이루어진 삼각형과, 몸을 뜻하는 그 아래 부분의 큰 사각형, 그리고 좌우로 늘어진 뱀을 이루는 별들로 이루어져 있죠.

한여름 밤 하늘 높은 곳에서 거대한 몸집을 자랑하며 위용을 떨치는 이 별자리의 주인공은 그리스 신화에 나오는 의술의 신 아스클레피오스이고, 그가 들고 있는 뱀은 의술과 건강의 상징으로 여겨지고 있죠. 옛날 사람들은 뱀주인이 양손에 뱀을 들고 있는 형상으로 보았답니다.

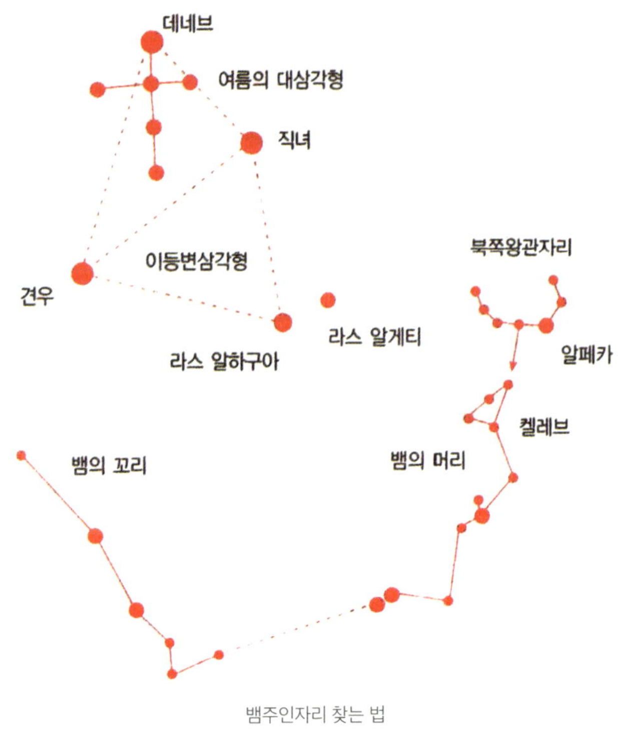

뱀주인자리 찾는 법

어떻게 찾을까요? 뱀주인자리를 찾으려면 먼저 거인의 몸통을 이루고 있는 약간 일그러진 오각형의 별자리를 찾아야 해요. 그런데 뱀주인자리와 뱀자리가 같은 장소에 겹쳐져 있기 때문에 별 하늘에 익숙지 않는 사람들은 찾기가 쉽지 않죠.

가장 편리한 방법으로는 직녀(베가)와 견우(알타이르)를 길잡이로 삼는 것입니다. 뱀주인의 머리에 해당하는 라스 알하게(2등성)가 직녀성, 견우성과 함께 커다란 이등변삼각형을 이루고 있어요. 이 삼각형은 여름의 대삼각형에 대해서 정확히 반대편으로 그려지는 삼각형이므로, 여름의 대삼각형에서 찾아나가게 되면 쉽게 찾을 수 있죠.

머리인 라스 알하게를 찾았다면 그다음부터는 아주 쉽죠. 이 별 양옆으로 밝은 별이 하나씩 있어 삼각형을 이루는데 이것이 바로 뱀주인의 머리에 해당하죠. 그다음에는 머리 아래쪽으로 매우 큰 영역을 차지하는 뱀주인의 몸을 찾습니다.

뱀주인자리의 별들 알파별인 라스 알하게는 2.1등급의 푸른색 거성으로, 거리는 60광년입니다. 이 별의 바로 오른쪽 앞에는 헤르쿨레스자리의 알파별 라스 알게티(3등성)가 나성하게 반짝이고 있죠. 즉, 하늘에서 뱀주인과 헤르쿨레스는 서로 머리를 맞대고 있답니다. 별지기들은 이 모습을 보고 누구의 머리가 더 단단할까라고 웃으면서 상상해보곤 한답니다.

베타별 켈레브에서 동쪽으로 약 4도 떨어진 곳에 있는 바나드 별은 10등성으로서, 북반구에서 보이는 별 중 지구에서 가장 가까운 곳에 있는 별이랍니다. 거리는 겨우 6광년밖에 안 되죠. 프록시마 센타우리 별을 제외하고는 지구에서 가장 가까운 별이죠. 이 별은 또 항성 가운데 고유운동이 가장 큰 별로 알려져 있는데, 위치 변화의 정도는 1년에 10.3초($''$)나 된답니다.

뱀주인자리의 남쪽은 은하계의 중심에 가까워서, 가스성운이나 암흑성운이 많이 있죠. 대표적인 암흑성운으로 S자 모양의 암흑성운 B72가 있답니다. 또 M10, M12, M14 등 아름다운 구상성단들이 매우 많이 있죠.

별자리 내의 볼 만한 관측 대상
• M10 : 뱀주인자리에는 수많은 구상성단들이 몰려 있다. 그중에서 가장 대표적인 것이 바로 M10 성단이다. M10은 7등급의 밝기이며, 소형 망원경에서 흐릿한 성운처럼 보인다.
• B72 : 은하수에는 많은 암흑성운들이 있다. 그중에서도 이 암흑성운은 그 특이한 형상 때문에 매우 유명하다. 사진에서 S자 모양으로 뚜렷하게 나타난다. 맨눈으로는 보기 어렵다.

3. 궁수자리(Sagittarius / Sgr)

더운 여름날, 산과 바다로 하룻밤 여행을 떠나 밤하늘을 쳐다보면 쏟아지는 별들에 놀라곤 합니다. 어떤 별지기들은 이런 별들을 보면 "별에 맞아 죽을 것 같다"고 엄살을 떨기도 하죠. 하늘에 이렇게 많은 별들이 우리를 비추고 있다는 사실에 새삼 자연의 신비를 깨닫게 됩니다.

돗자리를 펴놓고 엄마, 아빠와 함께 나란히 앉아 수박을 먹으며 쳐다보는 밤하늘은 별빛으로 가득 차 있습니다. 그 밤하늘에는 우유를 뿌려놓은 듯한 하늘의 강이 아름다운 별들의 얘기를 가득 싣고 저 너머로 흘러갑니다. 그 은하수를 따라가노라면 남쪽 하늘 나직한 근처에서 빛의 띠가 한층 밝아지면서 지평선 아래로 사라지는 모습을 볼 수 있어요. 이곳이 바로 궁수자리가 있는 곳이죠.

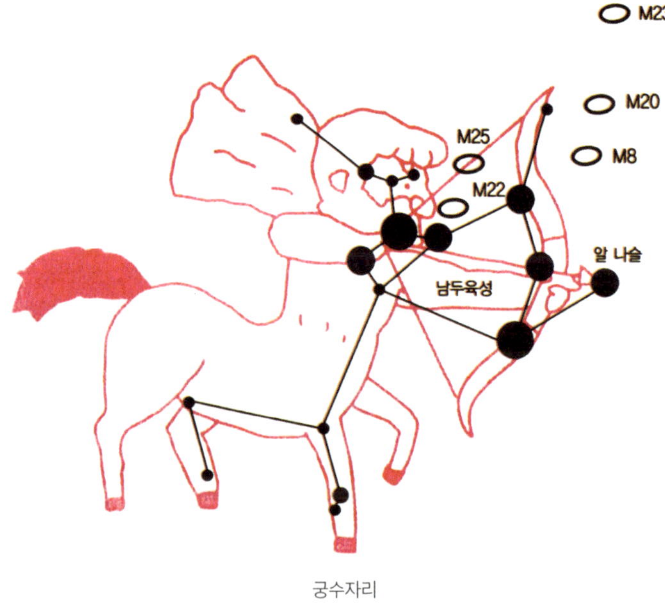

궁수자리

궁수자리는 황도의 별자리 중에서 가장 남쪽에 자리잡고 있기 때문에 가장 높이 떴을 때의 고도도 30도밖에 되지 않아요. 즉, 궁수자리는 우리나라에서는 항상 남쪽 지평선 부근에 있으면서 여름철에 잠시 모습을 보였다가 사라진답니다.

어떻게 찾을까요?　궁수자리를 찾는 요령은 은하수 가운데서도 가장 짙은 부근을 살펴보는 겁니다. 이곳은 우리은하의 중심부분이기 때문에 은하수가 더욱 밝고 진하게 보이죠. 이곳에는 별들이 너무나 많은데다가 밝은 별들도 곳곳에 있어 별자리를 금세 알아보기 어렵습니다.

그중에서도 유독 눈에 띄는 별들의 모습에 주목하세요. 바로 은하수 속에 마치 북두칠성을 줄여놓은 것 같은 6개의 별들을 찾아보세요. 옛날 우리나라와 중국에서

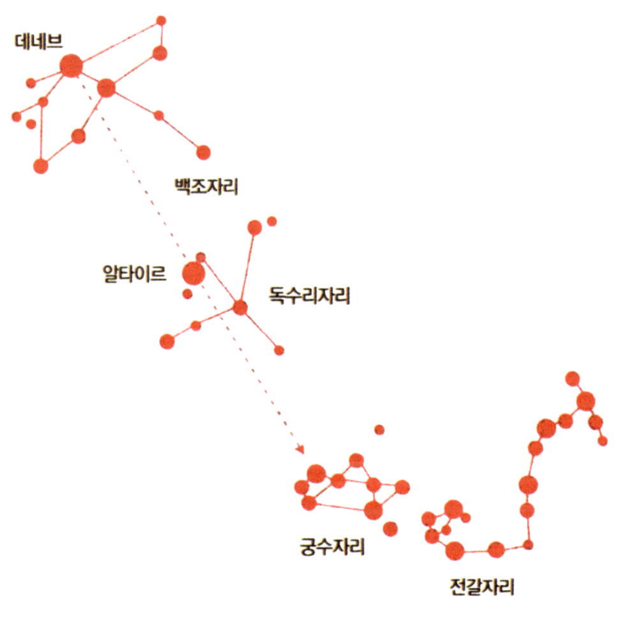

궁수자리 찾는 법

는 이 별자리를 남두육성이라고 불렀답니다. 북두칠성을 본딴 이름 같지만, 실제로 남두육성은 북두칠성처럼 국자 모양을 하고 있죠. 유럽에서는 이 별들을 '우유국자'라고 부르는데, 은하수를 퍼담는 듯한 모습을 하기 때문이죠.

남두육성을 잘 살펴보면 그 서쪽에 삼각형 3개가 보여요. 이 별무리와 남두육성의 별 4개를 합쳐서 주전자라고 부르죠. 이 주전자는 뚜껑 부분에 별 3개가 삼각형을 그리고 있고, 주전자 입에 해당하는 부분도 별 3개가 삼각형 꼴이며, 손잡이 부분은 별 4개가 사각형 모습이랍니다. 누구나 고개를 끄덕일 정도로 주전자와 많이 닮았어요. 이 주전자의 입 쪽에서는 물이 데워져서 수증기가 나오고 있어요. 그 수증기가 올라가는 것이 바로 하늘의 은하수랍니다.

궁수자리의 별들 궁수자리의 별들 중에서 우리나라에서 볼 수 있는 것은 별자리의 윗부분 별들입니다. 주전자의 꼭지 부분에 있는 3등급의 별인 알 나슬의 바로 위쪽은 우리 은하수의 가장 밝은 부분에 해당하죠. 그 때문에 은하수가 마치 주전자에서 김이 무럭무럭 새어나오는 듯한 모습을 하죠. 이 근처의 은하수가 특별히 밝은 까닭은 우리은하의 중심이 궁수자리 방향에 놓여 있기 때문이랍니다.

우리은하는 지름이 약 10만 광년이나 되는 볼록렌즈처럼 생겼는데, 그 속에는 약 4,000억 개나 되는 항성들이 모여 있죠. 그 중의 하나인 태양은 은하계 중심으로부터 약 3만 5,000광년 떨어진 곳에 있답니다. 말하자면 은하계의 시골 변두리에 우리 태양계가 있는 셈이죠. 그래서 은하계의 중심을 들여다보려고 해도 많은 별들이 가로막고 있어서 잘 볼 수가 없답니다.

별자리 내의 볼 만한 관측 대상
• M8, M20 : 유명한 석호성운과 삼렬성운이다. 남쪽 은하수 한가운데 있다. 쌍안경으로 보면 한 시야에서 동시에 멋진 모습을 볼 수 있다.

• M22 : 밝은 구상성단. 우리나라에서 볼 수 있는 구상성단으로는 M13 다음으로 크다. 망원경으로는 수만 개의 별들이 모여 있는 모습을 볼 수 있다.

4. 거문고자리(Lyra / Lyr)

여름부터 가을에 걸쳐 초저녁이면 은하수 서쪽에 나타나는 거문고자리는 그 모양이 아름다울 뿐 아니라, 견우-직녀의 아름다운 칠석날 전설을 지니고 있는 유명한 별자리입니다.

거문고자리는 8월 말에는 바로 우리 머리 위에 옵니다. 이 별자리는 상당히 치우쳐 자리잡고 있기 때문에, 우리나라에서는 12월 중순이면 저녁에

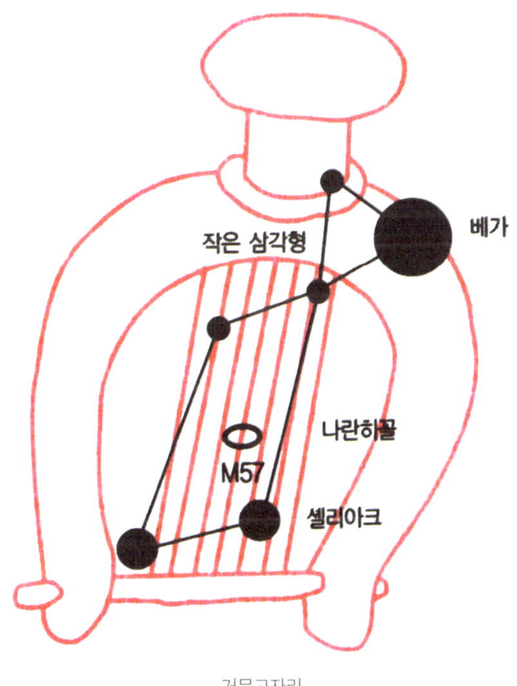

거문고자리

북서쪽 하늘로 직녀성이 지더라도, 다음날 새벽에는 동북쪽 하늘에서 다시 떠오르는 모습을 볼 수 있답니다.

옛날 서양 사람들은 예쁜 마름모를 만들고 있는 거문고자리를 보고 신의 음악을 연주하는 신화 속의 거문고(하프)를 상상했답니다. 반면, 우리 조상들은 은하수 바로 옆에서 푸르게 빛나는 직녀성을 보고는 견우-직녀의 아름다운 사랑 얘기를 만들어냈죠. 앞의 그림에서 알 수 있듯이 거문고자리의 알파별 직녀성과 그 아래의 두 별이 이루는 삼각형이 하프의 왼쪽 어깨걸이에 해당하죠. 그리고 아래의 나란히꼴은 하프의 현을 이루고 있고요.

어떻게 찾을까요?   거문고자리는 여름 밤하늘의 조그만 별자리이지만, 아름다운 직녀성 베가를 간직하고 있어 예로부터 많은 사람들에게 사랑받아 왔답니다. 연한 청록색으로 반짝이는 직녀성은 바로 은하수를 사이에 두고 견우성과 마주 보고 있기 때문에 견우-직녀의 슬픈 사랑 얘기를 만들어내게 되었던 거죠.

어쨌든 이 직녀성을 찾는 것이 거문고자리를 찾는 데 열쇠가 되죠. 서쪽에서 이 별을 찾으려면 먼저 목자자리의 아르크투루스와 북쪽왕관자리의 겜마를 찾은 다음, 이 두 별을 이은 직선을 2배 정도 연장하면 은하수 바로 위에서 푸른색의 1등성 베가를 찾을 수 있죠.

하지만 무엇보다도 직녀성은 너무나 밝기 때문에 굳이 다른 별들의 도움을 받지 않더라도 금세 찾을 수 있어요. 우리나라의 밤하늘에서는 한 겨울철의 시리우스와 봄철의 아르크투루스를 제외하면 하늘에서 가장 밝거든요. 여름 밤하늘에서 하늘 높이 보이는 가장 맑은 별이 바로 직녀성이랍니다.

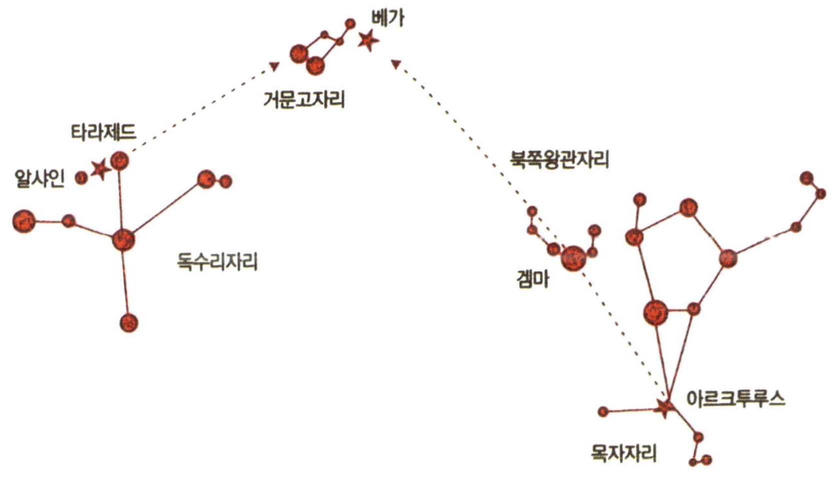

거문고자리 찾는 법

직녀를 찾고 나면 바로 옆의 별들 모습을 살펴봅니다. 먼저 직녀성을 포함한 매우 작은 삼각형을 찾을 수 있습니다. 또, 그 삼각형에 붙어 있는 나란히꼴을 찾을 수 있습니다. 그것이 바로 거문고자리입니다.

거문고자리의 별들   알파별은 푸른색으로 빛나는 1등성(정확하게는 0.0등성) 베가이며, 중국이나 우리나라에서는 이 별을 직녀라고 하여 친숙한 별로 알려져 있죠. 거리는 26광년이고, 지름은 태양의 3.2배이며, 온도는 아주 높아서 1만 1,900도나 됩니다. 지금부터 1만 2,000년이 지나 먼 미래의 세계에서는 이 직녀성이 북극성이 될 거랍니다.

거문고자리의 베타별인 셸리아크는 3등성으로서, 이 별은 1만 2,908일을 주기로 하여 3.3등급에서 4.2등급까지 밝기가 변하는 유명한 식변광성(또는 식쌍성)입니다. 식변광성이란 두 별이 거의 붙다시피 하여 서로의 주위를 돌 때 한 별이 다른 별의 빛을 가려 주기적으로 밝기가 변하는 별을 가리키죠.

거문고자리의 재미있는 별로는 또 엡실론(ε)별이 있죠. 그저 보기에는 아무런 특색이 없는 4등성이지만, 자세히 보면 별 2개가 이어져 있는 것을 볼 수 있답니다. 눈이 좋은 사람은 두 별이 늘어서 있는 것을 볼 수 있는데, 두 별의 거리는 아주 가까워요.

뿐만 아니라, 이 별을 지름 60mm의 망원경으로 보면 두 별이 다시 각각 들러붙어 있는 것으로 보여요. 한 별은 남북으로 또 한 별은 동서로 늘어서 있는데, 모두 이중이죠. 즉, 이중으로 된 이중성인 거예요.

거문고자리에는 베타별과 감마별의 거의 중간쯤에는 도넛과 아주 비슷한 행성상 성운이 있답니다. M57이라고 하는 이 예쁜 성운은 그 꼴이 둥근 고리 같아서 도넛 성운 또는 고리성운 등으로 불리죠.

지름 80mm 이상의 망원경으로 보면 가운데가 휑하니 뚫린 너무나 아름다운 가락지를 볼 수 있답니다. 가락지 가운데에 보이는 별이 폭발하여 그 가스 먼지가 둥근 고리를 만든 거죠.

별자리 내의 볼 만한 관측 대상

• M57 : 유명한 고리성운. 크기는 그리 크지 않으나 모습이 뚜렷하여 작은 망원경의 명소가 된 행성상 성운이다. 아래쪽 나란히꼴 중간쯤에 있다.

• ε Lyr : 모두 4개의 이중성으로 이루어진 특이한 별이다. 쌍안경에서 별이 2개로 보이다가, 망원경에서 다시 각각이 2개로 나뉘어져 4개로 보인다.

거문고자리에 전해지는 이야기

우리나라에는 거문고자리의 직녀별과 독수리자리의 견우별에 얽힌 아름다운 사랑 얘기가 전해오고 있답니다. 먼 옛날 하늘나라의 옥황상제에게는 직녀라는 어여쁜 딸이 하나 있었대요. 직녀는 매일 베틀에 앉아 옷을 짜는 일을 즐겼는데, 그 옷감이 너무나 아름다워 칭찬이 자자했답니다.

직녀는 때때로 베틀을 내려놓고 창가에 서서 하늘 저편을 구경하기도 했죠. 어느 날 그녀는 강둑을 따라 양과 소떼를 몰고가는 한 목동을 보았어요. 눈이 마주친 그들은 금방 서로를 사랑하게 되어 직녀는 아버지 옥황상제에게 결혼시켜 줄 것을 간청했답니다. 옥황상제는 견우가 영리하고 성실한 젊은이라는 사실을 잘 알고 있었기 때문에 그들의 뜻에 따라 혼인을 시켜 주었죠.

결혼한 두 사람은 너무 행복에 겨운 나머지 자신들의 일에 게을러지고 말았답니다. 옥황상제는 몇 번이나 주의를 주었지만, 이들은 말을 듣지 않았대요. 마침내 화가 난 옥황상제는 이들 둘을 떼어놓기로 결심했죠.

결국 견우는 은하수 건너로 쫓겨가고, 직녀는 혼자 쓸쓸히 베를 짤 수밖에 없었죠. 옥황상제는 1년에 단 한 번 칠월칠석날 밤에 강을 건너 이들이 만날 수 있도록 허락해 주었답니다. 하지만 만일 이날 비가 내리면 강물이 불어나고 배가 뜨지 못하게 되어 둘은 만날 수 없게 되었죠. 직녀가 이를 슬프게 여겨 울음을 터뜨리면 까마귀와 까치들이 날아올라 날개를 이어 다리를 만들어주곤 했답니다. 이 다리 이름이 바로 '오작교(烏鵲橋)'입니다.

5. 독수리자리(Aquila / Aql)

깨끗하게 열리는 여름 밤하늘에는 별들이 금방이라도 쏟아질 듯하고, 그 사이로 뿌연 은하수가 여름밤 하늘을 가로지릅니다. 점점 밤이 깊어 가면 은하수가 머리 위로 떠오르며, 그 모습을 더욱 뚜렷이 드러내죠.

눈을 들어 하늘을 쳐다보면 하늘 높이 천정 부근에서 매우 밝은 푸른색 별이 반짝거립니다. 바로 직녀성이죠. 직녀성에서 동쪽 방향을 쳐다보면 은하수 너머로 또 다른 밝은 별 하나가 눈에 띕니다. 유명한 견우-직녀 전설을 간직한 견우성이죠. 견우성은 은하수를 가운데 두고 직녀와 마주보고 있답니다. 견우는 독수리자리의 알파별인 알타이르로서, 직녀와 함께 여름철 초저녁에 반짝이는 부부 별이죠. 견우성 주변으로는 여름밤 하늘을 날고 있는 멋진 독수리자리가 우리를 반기죠.

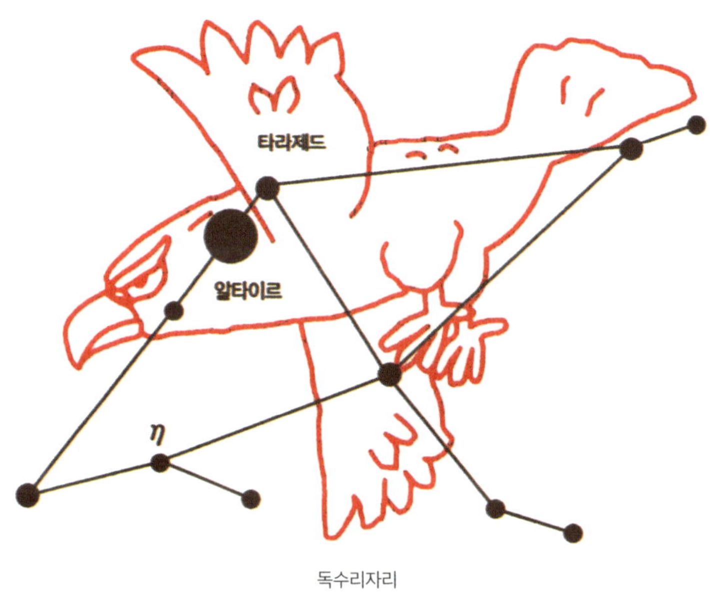

독수리자리

어떻게 찾을까요? 　독수리자리의 알파별 알타이르를 찾는 것이 가장 손쉬운 방법입니다. 이 별은 거문고자리의 베가, 백조자리의 데네브와 함께 여름의 대삼각형을 이루는 별 중 하나죠. 이 삼각형은 여름철 별자리를 찾는 기준이 됩니다.

견우성을 찾았다면 독수리의 형상을 그려 봅시다. 견우성의 양쪽에는 4등급의 별인 알샤인과 3등급의 다라제드가 있습니다. 이 세 별 양쪽으로 쫌 띨어진 곳에 밝은 별 2개가 보이죠. 견우성의 아래쪽에 있는 또 하나의 별과 함께 이 별들은 마름모꼴을 그리고 있죠. 이 마름모가 바로 독수리자리의 대부분이죠. 어떤 사람들은 이 마름모를 독수리가 날개를 편 모양으로 보기도 하고, 어떤 사람들은 독수리의 머리와 꼬리라고도 하죠.

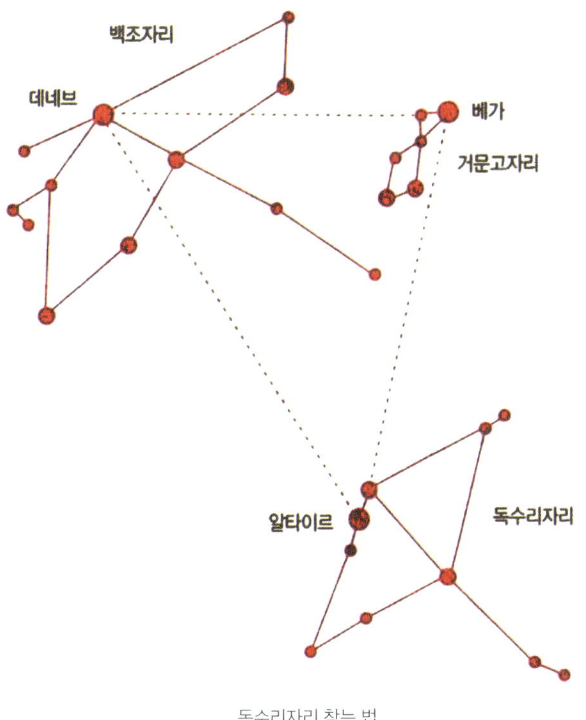

독수리자리 찾는 법

독수리자리의 별들 여름의 대삼각형을 이루는 알타이르는 0.8등급의 연한 노란 색 별입니다. 0.0등급인 직녀성에 비하면 조금 어둡죠. 알타이르는 '나는 독수리'라 는 뜻이죠. 부부 별의 상대 별인 베가는 그 의미가 '날아내리는 독수리'랍니다. 과연 부부 별다운 의미의 이름이네요.

알타이르의 남쪽으로 약 8도 떨어진 곳에 있는 에타(η)별은 흥미로운 볼거리랍니 다. 이 별은 7일 남짓한 주기로 최고 3.7등급에서 최저 4.5등급까지 변하는 변광성 이에요. 이런 종류의 변광성을 세페이드 변광성이라 하죠.

별자리 내의 볼 만한 관측 대상
• NGC 6781 : 예쁜 행성상 성운으로 거문고자리에 있는 고리성운의 축소판이라 고 할 수 있다. 그 모습이 예쁜 원형의 고리다. 밝기는 비교적 어두운 11등급이다.

6. 백조자리(Cygnus / Cyg)

맑게 갠 여름의 별 하늘을 조용히 흐르는 은하수를 따라서 약간 북쪽으 로 눈길을 돌리면, 커다란 날개를 펴고 은하수 위를 날아가는 날렵한 백조 를 볼 수 있습니다.

별자리 중에서 가장 멋지고 우아한 백조자리는 견우별과 직녀별 사이의 은하수에 자리한 까닭으로, 예로부터 동양에서는 하늘의 강 은하수를 건네 주는 배의 일부분으로 여겨져 왔죠. 그래서 백조자리는 예로부터 사랑의 별자리로 이름이 높았고, 많은 연인들로부터 사랑받았죠.

백조자리에는 특히 눈에 띄는 5개의 별이 십자형을 이루고 있는 모습을 볼 수 있죠. 이 십자형의 별은 남십자성에 대해 북십자성이라고 불리죠. 둘

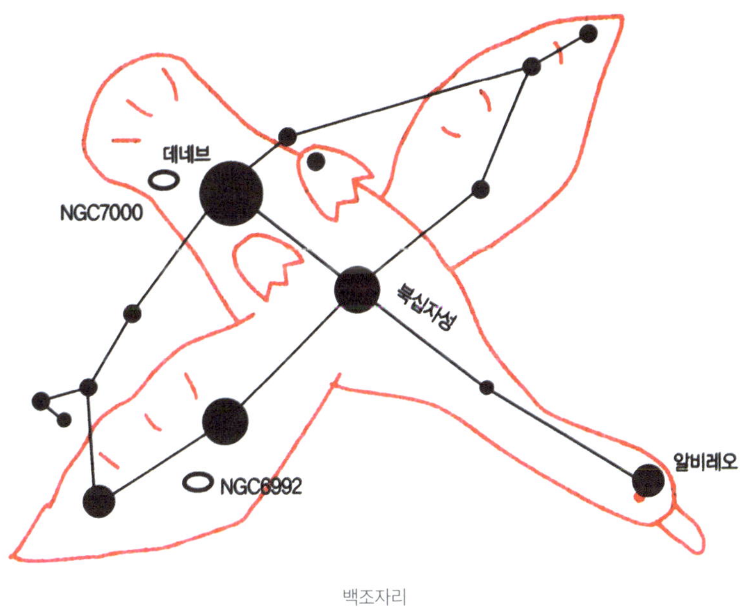

백조자리

다 은하수 가운데에서 아름다운 모습을 겨루고 있지만, 크기에서 본다면 북십자성이 남십자성에 비해 훨씬 크답니다. 이 북천의 십자가는 백조가 서쪽으로 저물 때쯤 서쪽 산 위로 바로 서 있답니다. 그래서 더욱 경건함을 느끼게 해줍니다.

어떻게 찾을까요? 백조자리는 그 모양이 뚜렷할 뿐만 아니라, 밝은 별들로 이루어져 있어 쉽게 찾을 수가 있답니다. 또한 백조 머리의 양옆에 견우별과 직녀별이 있어 이 별자리를 찾는 데 큰 도움을 주죠.

백조자리를 찾는 방법은 앞에서 말한 여름의 대삼각형을 이용하여 그 꼭짓점을 이루고 있는 데네브를 찾아내는 것입니다. 데네브를 찾고 나면 북천의 십자가를 이루는 다른 별들을 찾아봅니다. 이 십자가는 은하수를 따라 뻗어 있답니다. 십자가의

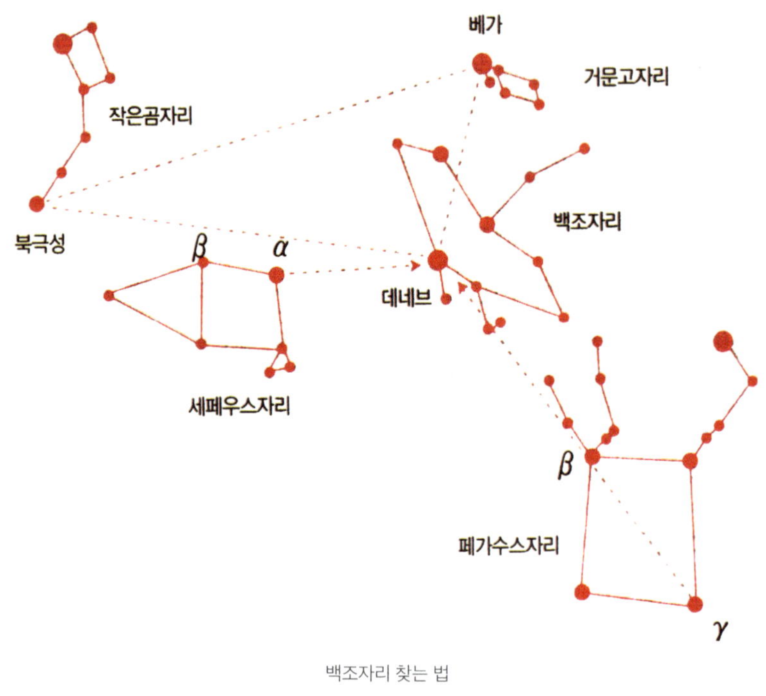

백조자리 찾는 법

양쪽 옆으로 십자가를 이루는 별만큼 떨어진 또 다른 별들을 각각 볼 수 있는데, 이 별들이 바로 백조의 날개를 이루고 있죠.

백조자리는 밤하늘의 여러 별자리 중에서도 가장 그럴 듯한 별자리의 하나랍니다. 꼬리 데네브에서 머리 알비레오까지 별들을 잘 이어보면 딱 백조의 비율이죠. 은하수 위를 유유히 날고 있는 백조의 아름다움에 감탄을 금할 수가 없답니다.

백조자리의 별들 백조의 꼬리 부분에서 두드러지게 반짝이는 알파별 데네브는 1.3등급의 밝은 별로서, 거리는 1,600광년이죠. 1등성 중에서는 약간 어두운 별이죠. 데네브는 거문고자리의 알파별 베가와 독수리자리의 알파별 알타이르를 연결하면 은하수 속에 커다란 삼각형을 그릴 수 있죠. 이것을 여름의 대삼각형이라고 부르죠 백조의 부리 부근에서 빛나는 3등성 알비레오는 별을 보는 사람들에게는 매우 유명한 별이랍니다. 작은 망원경으로도 잘 보이는 이중성으로서, 그 아름다운 모습은 하늘의 보석이라고 말할 정도로 우리의 마음을 빼앗습니다.

지름 60mm 정도의 망원경으로 보면 루비와 같은 3.2등급의 붉은 별 바로 옆에 사파이어 같은 5.4등급의 푸른 별이 뚜렷한 대비를 이루며 서로 닿을 듯이 늘어서 있는 모습은 북반구 하늘에서 가장 아름다운 이중성이라는 이름에 값하죠. 은하수 속에 잠겨 있는 백조자리에는 참으로 볼 만한 성운과 성단이 많이 숨어 있답니다.

먼저 1등성 데네브의 바로 동쪽(왼쪽)에는 북아메리카 대륙과 아주 닮은 모습의 산광성운인 북아메리카성운이 있습니다. 이 성운은 80광년이라는 엄청난 너비를 가진 거대한 수소가스 구름으로서, 거리는 2,600광년입니다. 맑은 밤하늘이라면 쌍안경으로도 쉽게 볼 수 있어요.

그리고 오른쪽 날개 가운데 있는 별의 바로 옆에는 바람에 나풀거리는 듯한 모양을 한 면사포 성운이 있죠. 이 아름다운 성운은 별이 일생을 마치고 대폭발을 한 뒤에 남은 가스랍니다.

별자리 내에 볼 만한 관측 대상
• NGC 6992 : 망상 성운, 또는 면사포 성운으로 유명한 이 성운은 초신성 잔해로 알려져 있다. 이 성운 잔해들을 모두 이어보면 둥근 원형으로 퍼져나가는 모습을 확인할 수 있다.
• NGC 7000 : 북아메리카 대륙을 닮았다고 하여 북아메리카 성운으로 알려진 이 성운은 데네브 옆에 위치한 거대한 성운이다. 바로 옆에 펠리칸 성운이 있다. 이 성운은 맨눈으로 보기가 쉽지 않으나, 사진에서는 매우 잘 나타난다.

41. 가을 밤하늘의 유명한 별자리

가을철의 별자리는 귀뚜라미 소리와 함께 하늘로 올라옵니다. 여름철 은하수가 어느새 우리의 머리 위를 지납니다. 이 은하수를 따라 화려한 가을철 별자리가 등장하죠. 가을철 별자리는 머리 위를 지나는 페가수스자리의 사각형을 기준으로 찾을 수 있죠.

이 사각형은 가을의 사각형으로 불리며, 여기에서 북동쪽으로 한 줄로 늘어서 있는 별자리가 바로 안드로메다자리이고, 사각형 동쪽 2개의 별을 북쪽으로 연결해보면 W자 꼴의 카시오페이아자리와 북극성이 차례로 보이죠.

이 부분의 하늘은 온통 옛날의 신화로 가득 차 있답니다. 아버지인 세페우스와 어머니 카시오페이아를 비롯하여 딸인 안드로메다, 안드로메다의 남편인 페르세우스, 그리고 페르세우스가 타고 다니던 천마 페가수스에 이르기까지, 한 집안이 이 하늘에 바글거리고 있답니다. 흥미로운 고대 얘기와 함께 깊어가는 가을밤이라고나 할까요.

가을의 사각형의 동쪽에 있는 2개의 별을 이은 선을 남쪽으로 늘리면 고래자리의 2등성과 남쪽물고기자리의 1등성 포말하우트를 만날 수 있답니다.

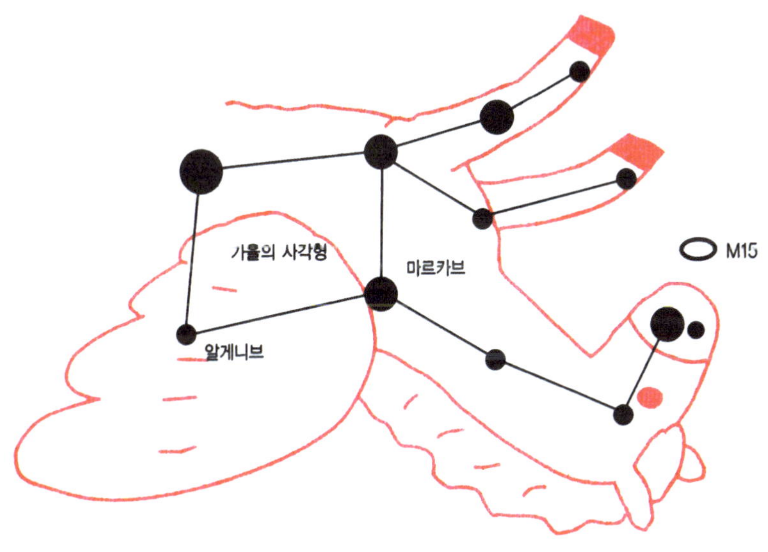

가을의 사각형과 페가수스자리

1. 페가수스자리(Pegasus / Peg)

여름 동안 밤하늘에서 당당하게 빛나던 여름의 대삼각형이 서쪽으로 서서히 기울 무렵, 머리 위쪽에 2등성과 3등성으로 이루어진 4개의 별이 만드는 큰 사각형이 둥실 뜨죠. 이 별들은 날개를 펴고 하늘을 나는 천마 페가수스의 몸통에 해당하는 것으로, 가을의 사각형이라고 불리죠.

별 하늘에서의 페가수스는 배를 위로 하여 거꾸로 나는 모습을 하고 있답니다. 아래쪽 두 별인 마르카브와 알게니브가 천마의 등이 되고, 이 등에서 뻗어나온 별들이 천마의 목과 머리, 그리고 북쪽의 별들은 천마의 튼튼한 두 다리가 되죠. 이제 힘차게 나는 천마의 모습을 그릴 수 있겠죠?

그런데 가을의 사각형은 북동쪽 꼭짓점이 되고 있는 2등성은 사실 이웃에 있는 안드로메다자리와 함께 공유하는 별이랍니다. 이 별이 페가수스자리의 별이라면 천마의 배꼽에 해당하죠. 이 별 이름인 알페라츠도 '말의 배꼽'이란 뜻이랍니다.

어떻게 찾을까요? 밝은 별이 드문 가을 하늘에서 2등성을 가진 페가수스자리는 가장 눈에 잘 띄는 별자리랍니다. 그것도 밝은 2등성을 3개씩이나 가지고 있을 뿐더러, 모양 또한 독특하기 때문에 찾는 데는 그다지 어려움이 없어요.

페가수스자리를 찾는 데에 길잡이가 되는 것은 북쪽 하늘 높이 걸려 있는 카시오페이아자리죠. 이 별자리의 감마별(2등성)과 알파별을 이은 선을 6배 가량 연장하면 가을의 사각형에 이르게 되죠. 그러면 페가수스의 다리와 머리는 쉽게 알아볼 수 있죠. 가을의 사각형에서 뻗어나간 별들을 그려보면 그것이 바로 천마의 다리와 머리랍니다.

흥미롭게도 페가수스 사각형으로 북극성을 찾을 수 있답니다. 이 페가수스 사각형의 동쪽 변과 서쪽 변을 북쪽으로 연장해 보면 한 밝은 별에서 만나게 되는데, 그것이 바로 북극성이랍니다.

페가수스자리의 별들 페가수스의 알파별은 가을의 사각형 남서쪽(오른쪽 아래)에 자리잡고 있는 2.5등성입니다. '말안장'이란 뜻을 지닌 이 별의 이름은 마르카브랍니다. 위치는 천마의 목과 어깨 사이에 있죠. 베타별은 사각형의 북서쪽(오른쪽 위)에 있는 별로서, 2.6등성인 쉐아트이며, 그 뜻은 날개입니다. 이 별은 불규칙 변광성으로, 2.4등급에서 2.8등급까지 밝기가 변하죠.

감마별은 사각형의 남동쪽(왼쪽 아래)에 있는 2.8등성 알게니브입니다. 이 별은 사각형 내에서 가장 어둡죠. 이 별과 안드로메다자리에 속하는 사각형의 다른 한 별

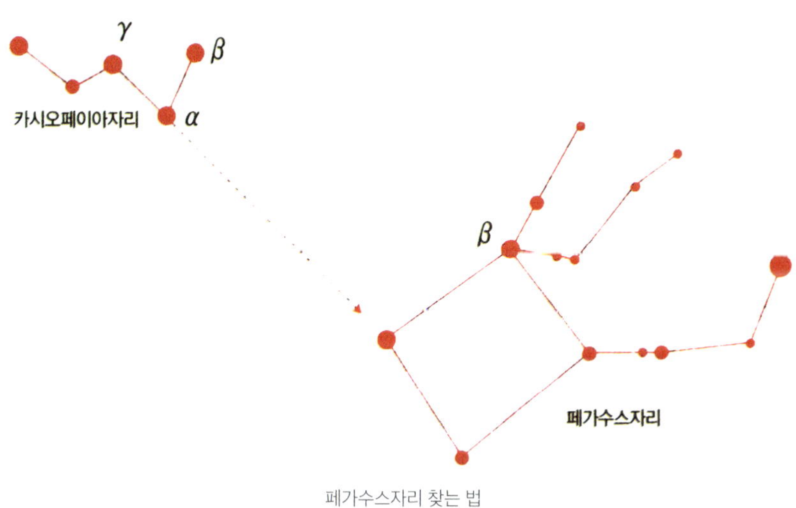

페가수스자리 찾는 법

알페라츠를 이어 남쪽으로 연장하면 춘분점을 지나게 되죠. 춘분점이란 태양이 춘분날인 3월 21일 위치하는 곳이죠. 이곳을 기준으로 하늘의 좌표가 설정됩니다.

페가수스자리의 엡실론별은 2.4등급의 에니프로, '말의 코'라는 뜻을 지니고 있죠. 이름 그대로 천마의 콧등에서 반짝이고 있죠. 이 별을 쌍안경으로 들여다보면 바로 옆에 붙어 있는 7.8등성을 볼 수 있고, 지름 80mm 망원경으로 보면 그곳에서 조금 떨어진 데에 11등성이 하나 더 붙어 있는 것을 볼 수 있답니다. 그러니까 이 별은 재미있게도 삼중성인 거죠.

별자리 내의 볼 만한 관측 대상

• M15 : 천마 페가수스의 코에 위치한 별 에니프에서 조금 떨어져 있는 큰 구상성단이다. 소형 망원경에서도 잘 보인다.

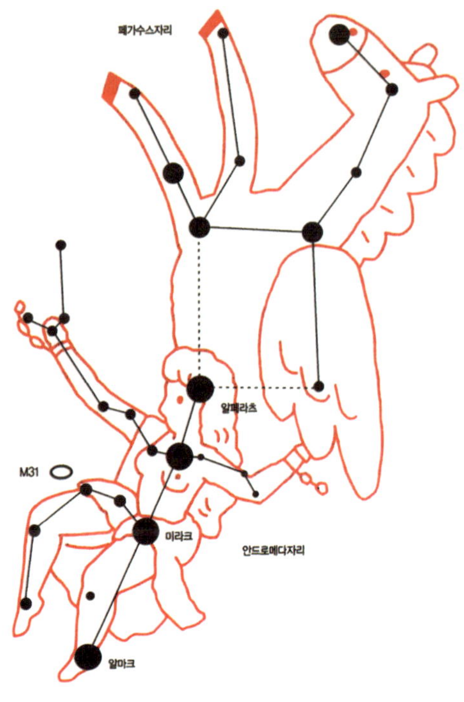

안드로메다자리

2. 안드로메다자리(Andromeda / And)

겨울 문턱에 들어서려는 11월 하순 무렵, 동쪽 지평선 위로 페가수스자리의 천마가 날아오르면, 그 뒤를 이어 2등성과 3등성의 밝은 별들이 가을의 사각형 윗변을 따라 나란히 올라오는 것을 볼 수 있죠.

두 가닥의 별의 줄이 완만하게 V자형으로 퍼져 있는 이 별자리는 괴물 고래에게 제물로 바쳐지게 된 에티오피아 왕비 카시오페이아의 딸인 안드로메다 공주를 담은 안드로메다자리입니다. 신화 속의 안드로메다가 아름다운 만큼 이 별자리 또한 밤하늘에서 아름다운 별자리죠.

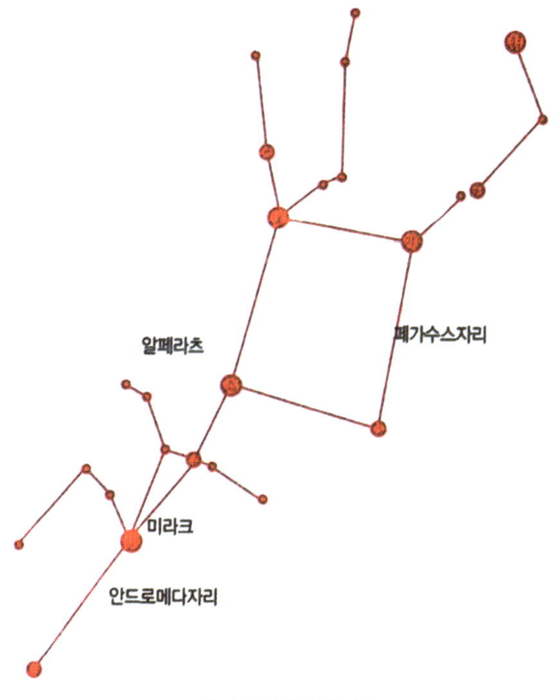

안드로메다자리 찾는 법

어떻게 찾을까요? 가을의 사각형인 페가수스자리에 잇따라 올라오는 것이 안드로메다자리이므로 누구나 쉽게 찾을 수 있어요. 가을의 사각형에서 한 꼭짓점을 이루는 알파 별 알페라츠를 먼저 찾고, 거기에 잇달아 있는 안드로메다자리의 2등성 3개가 나란히 줄지어 있는 모습을 한 눈에 알아볼 수 있죠.

2등성인 알파별 알페라츠가 공주의 머리에 있으며, 역시 2등성 미라크와 그 옆에 가지런히 있는 두 별이 공주의 허리에 해당되죠. 알파별과 베타별 사이에 있는 별은 가슴이 되며, 이 정도의 윤곽을 잡으면 두 팔과 다리는 어느 별이 되는가 알 수 있겠죠? 참으로 아름다운 공주의 모습을 제대로 그리고 있는 별자리라고 하겠어요.

안드로메다자리의 별들　알파별은 페가수스자리에서도 살펴보았듯이 가을의 사각형의 북동쪽에 있는 2.1등급의 별인 알페라츠이며, 흰색을 띠고 있습니다. 베타별은 2.1등급의 별로서, 이름 그대로 공주의 허리에서 반짝이고 있죠. 때문에 허리를 뜻하는 '미라크'라는 이름을 얻었답니다.

감마별은 2.2등급으로 공주의 발에서 오렌지색의 보석처럼 빛나고 있는 별이죠. 알마크라는 이름의 이 별은 오렌지색의 2.3등성에서부터 10초각 떨어진 곳에 노란색의 5.1등성이 붙어 있는 이중성이죠. 천왕성을 발견한 영국의 천문학자 윌리엄 허셜은 "하늘의 이중성 가운데서 가장 아름다운 별"이라고 크게 감탄했다고 하네요. 작은 망원경으로도 쉽게 분리하여 그 아름다움을 감상할 수 있답니다.

안드로메다자리의 별 중에서 가장 관심을 끄는 것은 공주의 오른쪽 다리 무릎께에 있는 뉴(ν)별입니다. 하지만 이 별 자체가 우리의 관심을 끄는 것이 아니라, 그 옆에 유명한 안드로메다 은하가 있기 때문이죠. 'M31'로도 불리는 이 은하는 우리은하의 이웃 은하로, 우리나라에서 맨눈으로 확인할 수 있는 단 하나의 은하랍니다. 거리는 무려 250만 광년이나 되지만, 맑은 밤하늘에서 맨눈으로 보면 뿌연 빛 얼룩으로 보이죠. 우리가 맨눈으로 볼 수 있는 가장 먼 거리에 있는 물체라 할 수 있죠.

별자리 내의 볼 만한 관측 대상
• M31 : 유명한 안드로메다은하. 우리에게서 약 250만 광년 떨어져 있지만, 비교적 가까운 은하다. 대형 나선은하로 바로 옆에 위성은하인 두 타원은하 M32와 M100을 데리고 있다.
• γ And : '알마크'라는 이름의 이 안드로메다 감마별은 대단히 아름다운 이중성이다. 황금색의 주성과 남색의 반성이 어울린 모습은 작은 망원경으로 봐도 탄성을 자아내게 만든다.

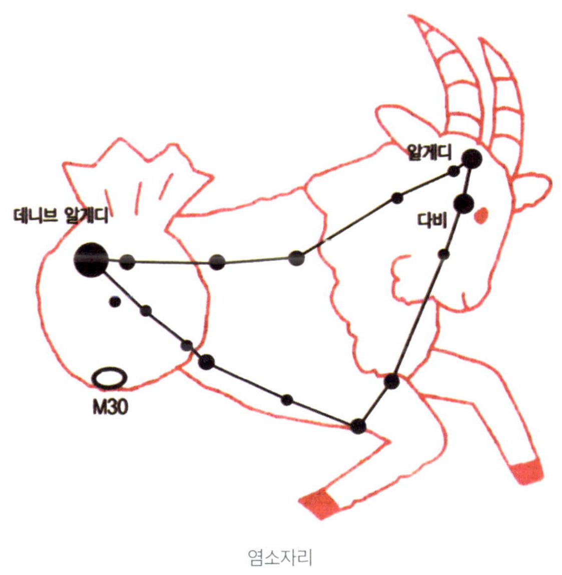

염소자리

3. 염소자리(Capricornus / Cap)

화려했던 여름 밤하늘이 서쪽으로 기울어 갈 무렵이면, 염소자리가 조용히 남동쪽 하늘 위로 떠오릅니다. 은하수가 가장 짙은 궁수자리 동쪽(왼쪽)에는 3등급 이하의 별들뿐이어서 약간 쓸쓸한 느낌을 줍니다. 그 때문에 염소자리는 완전히 떠오르기 전까지는 쉽게 그 모습을 확인하기가 어렵죠. 그러나 남쪽 하늘 높이 떠오를 때면 삼각형을 거꾸로 세워놓은 듯이 늘어선 염소자리의 특이한 모습에 새삼 눈길이 가게 된답니다.

염소자리는 가을을 알리는 첫 번째 별자리이기도 해요. 별자리에서의 염소는 머리를 궁수자리로, 꼬리를 물병자리 쪽으로 향하고 있는 아주 색다른 모습이죠. 그것은 몸의 윗부분은 염소이지만, 아랫부분은 물고기의 모습을 한 괴상한 염소이기 때문이랍니다.

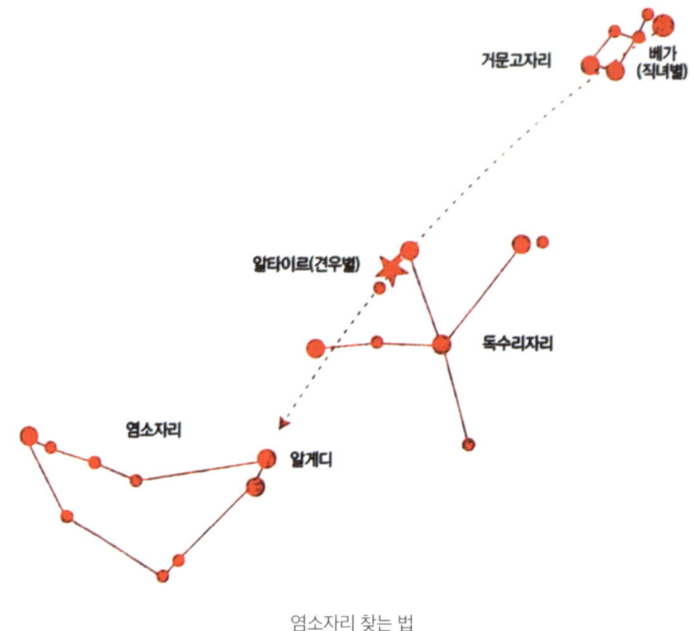

염소자리 찾는 법

어떻게 찾을까요? 궁수자리의 동쪽에서 독특한 모양을 하고 있기 때문에 찾는 데 별 어려움이 없는 별자리랍니다. 보다 정확한 방법은 견우별과 직녀별을 이용하는 거죠. 독수리의 견우별(1등성) 양옆에 나란히 놓인 두 별(베타별과 감마별)을 화살표로 삼아서 직녀(1등성)와 견우를 잇는 선을 같은 길이만큼 남쪽으로 연장해요. 그러면 염소자리의 알게디(4등성)와 다비(3등성)를 만날 수 있죠.

알파 별 알게디와 다비가 염소의 머리에 해당하고, 역삼각형의 동쪽 꼭짓점인 데니브는 이름 그대로 염소의 꼬리 부분을 차지하고 있습니다. 이 두 별을 찾는다면 역삼각형을 이루고 있는 염소자리의 다른 별들을 찾는 것은 아주 쉬워요.

염소자리의 별들 알파별은 4등급인 알게디인데, 맨눈으로도 이중성임을 한눈에 알아볼 수 있죠. 이 별의 이름은 '새끼염소'란 뜻을 지나고 있답니다. 4.6등급과 3.8

등급의 두 별이 늘어서 있죠. 여기서 재미있는 것은 두 별에 또 각각의 동반성이 하나씩 달려 있다는 사실이죠. 지름 80mm의 망원경을 이용하면 각각 이중성으로 분리하여 감상할 수 있답니다.

그런데 더욱 놀라운 일은 3.8등급의 이중성의 동반성에는 다시 2개의 동반성이 매달려 있는 점이죠. 11.2등급과 11.5등급의 아주 작은 별이 매우 가까운 거리를 두고 붙어 있는데, 이것을 보려면 지름 200mm급의 망원경이 필요하죠.

베타별은 3등급의 다비입니다. 이 별도 노란색인 3.3등급과 푸른색의 6.2등급으로 이루어진 이중성이에요. 쌍안경으로도 이 아름다운 한 쌍을 쉽게 볼 수 있답니다.

별자리 내의 볼 만한 관측 대상
• α Cap : 육안으로도 이중성임을 확인할 수가 있어 북두칠성의 미자르 못지않게 유명한 별이다. 각 별들은 망원경에서는 또다시 이중성으로 보인다.
• M30 : 염소자리에서 가장 두드러진 구상성단으로 모습은 타원형이며, 2개의 별줄이 있다. 구경 15cm로 보면 핵이 없는 불규칙한 모양의 성운같이 보인다. 성단까지의 거리는 4만 광년, 지름은 100광년.

4. 고래자리(Cetus / Cet)

늦가을 하늘 높이 천마가 날면 그 옆으로 안드로메다자리가 아름답게 반짝입니다. 이 안드로메다자리의 남쪽에는 3개의 별들로 기하학적인 모양을 이루는 모습이 연달아 떠오르죠.

그 첫 번째가 삼각형자리이며, 그 두 번째가 양자리이고, 바로 그 아래쪽에 모여 있는 3개의 별이 바로 고래자리랍니다. 또 남쪽 하늘 저 너머 보이는 외로운 별 포말하우트에서 북동쪽으로 비스듬히 올려다보면 포말하우

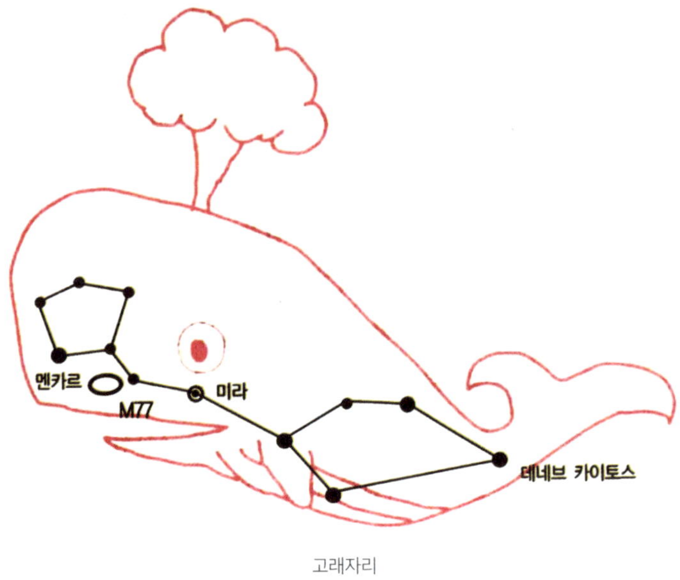

고래자리

트만큼이나 외롭게 보이는 별이 하나 떠 있죠. 그 주변에는 밝은 별이라고는 하나도 보이지 않습니다. 바로 고래자리의 베타별이죠.

고래자리는 가을철 남쪽 하늘 대부분을 독차지하고 있는 듯 보이지만, 밝은 별이 없어 별로 눈길을 못 받는 곳이라 그다지 인상적이진 않죠. 이 별자리에는 밝은 별이라고는 2등성 하나와 3등성 하나밖에 없거든요. 이렇듯 늦가을의 어두운 하늘에 희미한 별들이 모여 만드는 커다란 별자리는 아무래도 쓸쓸한 느낌을 주죠.

어떻게 찾을까요? 고래자리에서 가장 밝은 별은 고래의 꼬리 부분에서 반짝이는 2등성 디프다로서, 이 별로부터 고래의 몸통 아랫부분을 이루는 별들을 우선 찾아보아요.

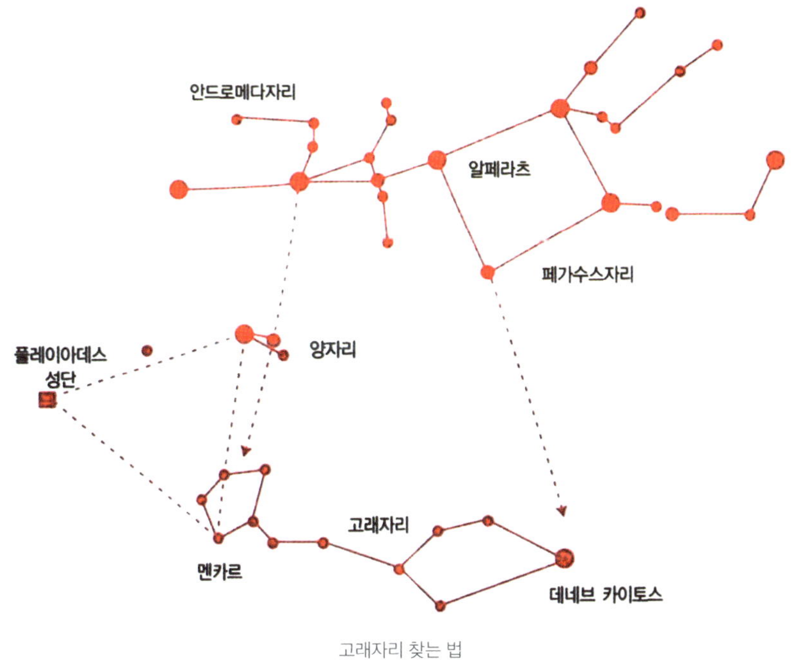

고래자리 찾는 법

다음에는 베타별에서부터 남동쪽(왼쪽 아래)으로 약간 떨어진 곳에서 3등급 알파별 멘카르와 4등급의 감마 별 등 5개의 별로 이루어진 오각형을 찾습니다. 이것이 고래의 머리를 이루는 것이므로, 앞에서 찾아 놓았던 고래의 아랫몸과 연결하면 고래 모습과 비슷하게 그릴 수 있을 거예요.

고래자리를 찾는 데는 페가수스자리를 이용하는 것이 가장 손쉽죠. 즉, 페가수스의 가을의 사각형을 이루는 동쪽 변-알파별과 감마별을 잇는 선-을 남쪽으로 2배쯤 연장하면 고래의 꼬리 끝에 있는 2등성 베타별을 찾을 수 있죠. 그런 다음 고래의 아랫몸을 이루는 오각형의 나머지 네 별을 찾고, 이어 왼쪽으로 더듬어 가면서 고래의 코에 해당하는 2등성 알파별을 찾아냅니다. 그리고 알파별을 한 꼭짓점으로 하는 오각형을 찾으면 고래자리는 다 정복된 것이나 다름없죠. 이 별자리에서 유난히 우리의 관심을 끄는 것은 고래의 머리와 꼬리를 연결하는 오미크론별인 미라(불가사의한 것)입니다. 고래의 심장께에서 반짝이는 이 별은 이름 그대로 풀 수 없는 수수께끼를 가지고 있어 예로부터 유명한 별이었죠.

이 별은 330일 정도의 주기로 2등급에서부터 무려 10등급까지의 엄청난 밝기 변화를 보여준답니다. 이처럼 밝기가 크게 변하는 것을 본 옛날 사람들은 그 이유를 알지 못해 불가사의한 별이라는 뜻인 '미라'라는 이름을 붙였죠. 미라는 지름이 태양의 약 460배나 되는 어마어마한 큰 적색 초거성으로서, 이처럼 밝기가 변하는 것은 이 별이 수축과 팽창을 되풀이하기 때문이랍니다.

별자리 내의 볼 만한 관측 대상
• M77 : 고래자리에서는 유일한 메시에 대상으로 약 8등급의 비교적 밝은 은하이다. 강한 중심핵을 가지고 있는 폭발 은하의 일종으로, 지구에서 약 3,000만 광년이나 떨어져 있다.

5. 페르세우스자리(Perseus / Per)
늦가을의 밤이 깊어갈 무렵, 북쪽 하늘 높이 올라간 카시오페이아자리를 흐르는 은하수를 따라 동쪽으로 더듬어 가면, 가을 별자리의 마지막 주자로서 페르세우스자리가 등장합니다.

오른손에는 보검, 왼손에는 괴물 메두사의 머리를 들고 있는 페르세우스는 밤하늘에서 가장 행복한 남자의 별자리라 할 수 있답니다. 왜냐하면, 아름다운 부인 안드로메다가 항상 옆에 있고, 장인 세페우스와 장모 카시오페이아가 앞에서 길을 인도해 주기 때문이죠. 이 부근의 하늘은 그야말로 페르세우스 일가들이 몰려 있으며, 그중 페르세우스는 단연 그 주인공으로

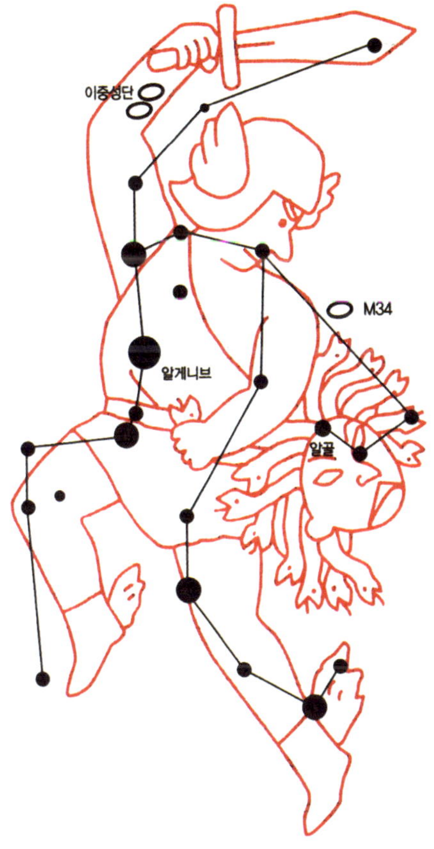

페르세우스자리

서 이름이 높답니다. 페르세우스는 바다의 괴물 고래를 물리치고 에티오피아의 공주인 안드로메다를 구한 신화 속의 영웅이죠.

어떻게 찾을까요? 카시오페이아자리를 따라 북동쪽 지평선 위로 올라오는 페르세우스자리는 매우 확실한 별자리입니다. 가장 밝은 알파별을 중심으로 별들이 이어져 있는 몇 가닥의 선을 자세히 살펴보면, 사람의 뼈대를 뚜렷하게 이루고 있음

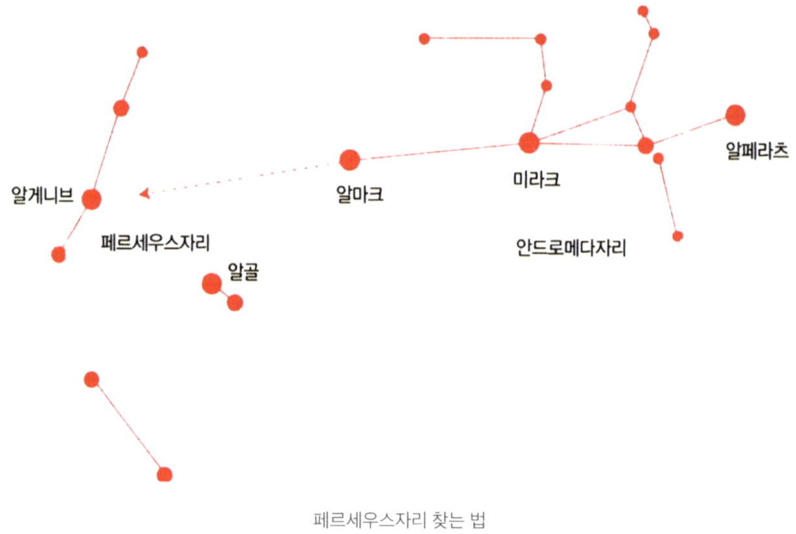

페르세우스자리 찾는 법

을 금방 알 수 있죠.

이 별자리를 찾는 데에 길잡이가 되는 것은 안드로메다자리의 2등성들입니다. 안드로메다자리의 알페라츠에서 미라크를 지나 알마크에 이르는 2등성들을 잇는 선을 계속 연장하면 페르세우스자리의 알파별에 닿게 되죠. 즉, 이곳에는 페가수스부터 시작하여 페르세우스에 이르기까지 2등성 정도의 밝은 별들이 같은 간격으로 주욱 늘어서 있답니다.

알파별을 찾고 나면 그 남쪽에 있는 베타별 알골과 사각형을 이루는 동쪽의 다른 두 별을 찾아봐요. 이제 페르세우스의 모습이 완성되었죠?

페르세우스자리의 별들 알파별은 2등성인 미르파크입니다. 미르파크는 '팔꿈치'라는 뜻이죠. 실제로는 이 알파별은 페르세우스의 옆구리에서 반짝이고 있기 때문에, 때로는 옆구리를 뜻하는 '알게니브'라고 불리기도 해요.

베타별은 페르세우스가 왼손에 든 괴물 메두사의 이마에서 빛나고 있는 알골입니다. 알골은 '악마'란 뜻을 가지고 있죠. 이 별은 2일 20시간 59분을 주기로 2.2등급에서 3.5등급까지 규칙적으로 변광하는 식변광성으로 아주 유명하답니다.

페르세우스자리는 은하수 속에 잠겨 있기 때문에 별자리 내에 많은 성운과 성단들을 볼 수 있답니다. 그 중에서도 가장 멋있는 것은 페르세우스가 쳐들고 있는 길자루 근처의 이중성단이죠. 이 이중성단은 망원경으로 보았을 때 가가 별이 수가 300개쯤 되는 산개성단이 불과 달 크기만큼의 간격으로 늘어서 있죠. 하늘만 맑다면 맨눈으로도 두 군데에 별이 옹기종기 모여 있는 것을 볼 수 있죠. 서쪽 성단은 거리가 7,200광년, 동쪽 성단은 7,500광년입니다. 즉 2개의 산개성단이 우연히 같은 방향에 있는 것이 아니라, 실제로 우주공간에서 2개가 서로 가까이 다가서 있는 거랍니다.

• NGC 869, NGC 884 : 유명한 페르세우스 이중성단. 2개의 NGC 884 밝은 성단이 쌍으로 나란히 보인다. 육안으로도 쉽게 그 위치를 확인할 수 있다. 각 성단 하나에 눈에 보이는 것만 1,000여 개의 별들이 모여 있다.
• β Per : '악마의 별'이란 이름이 붙어 있는 이 알골은 약 2.87일을 주기로 2.2등급에서 3.5등급까지 변한다. 2개의 별이 마주 돌면서 빛을 가리기 때문에 밝기 변화가 일어나는 이러한 변광성을 식변광성이라 한다.

6. 물병자리(Aquarius / Aqr)

가을이 깊어갈 무렵, 천마 페가수스의 머리 남쪽(아래쪽)에 희미한 별들이 모여 있는 넓은 공간을 볼 수 있는데, 이곳이 바로 물병자리가 있는 곳이죠. 화려한 은하수도 멀리 떨어져 있고, 별자리 안에 밝은 별들도 없어 그리 주목받지 못하는 별자리죠. 게다가 별자리 영역이 매우 넓고 별들의 이

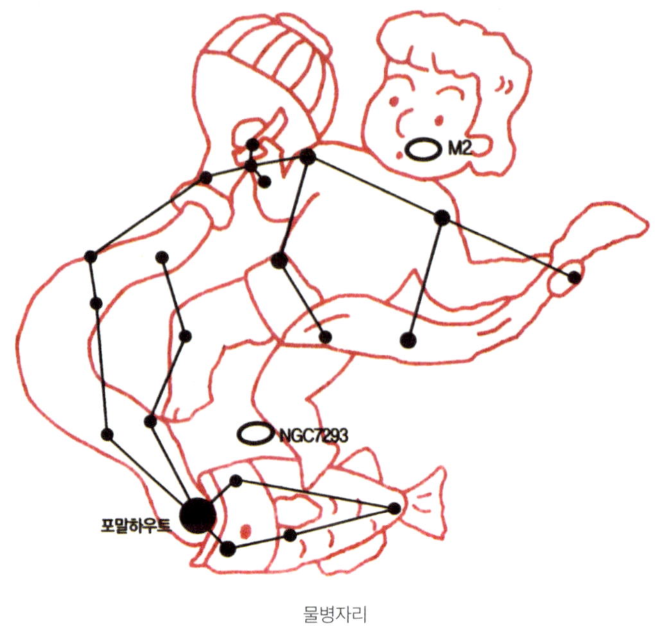

물병자리

음매도 약간 복잡한 것이 환영받지 못하는 이유 중의 하나랍니다.

하지만 이 별자리는 전형적인 가을의 특징을 지니고 있답니다. 가을의 쓸쓸함과 고요함을 담고 있다고 할까요. 이 별자리는 물병이라는 이름답게 동쪽에는 물고기자리가, 남쪽에는 남쪽물고기자리가 있답니다. 또 남서쪽 에는 바다에서 살던 바다염소, 즉 염소자리가 있죠.

어떻게 찾을까요? 물병자리에는 밝은 별도 없을뿐더러 다른 뚜렷한 특징도 없이 넓은 공간에 흩어져 있어 찾아내기가 까다로운 별자리입니다. 이 별자리의 특징은 물병에 해당하는 Y자 모양의 4개의 별에 있다고 하겠어요. 따라서 먼저 Y자 형을 찾는 것이 이 별자리를 확인할 수 있는 방법이랍니다.

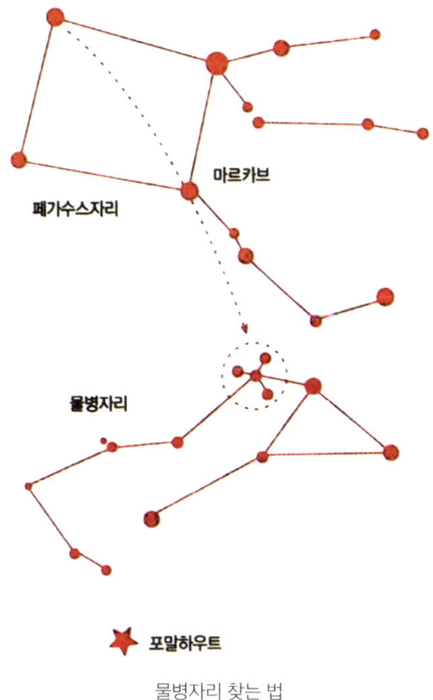

물병자리 찾는 법

이 별자리를 찾는 데는 페가수스자리가 길잡이가 되어 줍니다. 즉, 페가수스의 머리에 위치한 별 에니프 남쪽으로 4개의 4등성이 Y자 형상을 그리고 있답니다. 이 Y자는 때로는 3개의 화살 표시로 얘기되기도 하죠. 이 Y자 형상은 물병자리의 미소년 가니메데가 오른손에 가진 물병에 해당하죠. 이것만 발견되면 서쪽(오른쪽)으로 알파별, 베타별로 더듬어 나가며 희미하게나마 물병을 든 미소년의 모습을 그려볼 수 있답니다.

물병자리의 별들 알파별은 미소년 가니메데의 왼쪽 어깨에서 반짝이는 오렌지색의 3등성 사달멜리크입니다. 이 별은 '왕의 행운 별'이라는 의미를 지니고 있답니다. 베타별은 오른쪽 어깨에서 반짝이는 오렌지색의 3등성 사달수드로서, '큰 행운'이란 뜻이랍니다. 감마별은 Y형이 가로로 누운 듯한 4개의 별 중 가운데 있는 4등성으로, 사다크비아입니다.

그 밖의 볼거리로는 물병자리의 바로 아래에 있는 'NGC 7293'이라는 아름다운 고리를 가진 행성상 성운으로, 지름 60mm 망원경으로 보면 보름달의 절반 크기 정도로 보인답니다.

• NGC 7293 : 물병자리에 있는 유명한 행성상 성운. 이중 나선형 모양으로 보이며, 그 때문에 '쌍가락지 성운'이라고도 알려져 있다. 행성상 성운으로는 가장 큰 성운이다.
• NGC 7009 : 쌍가락지 성운과 동일한 종류의 행성상 성운. 이 성운은 쌍가락지와는 대조적으로 그 크기도 매우 작고 어둡다. 하지만 특이한 모습 때문에 매우 유명하다. 망원경으로 보면 둥근 원반상에 양쪽으로 귀 같은 모양이 튀어나온 것을 볼 수 있다. 토성과 닮았다고 하여 '토성상 성운'이라고도 불린다.

7. 남쪽물고기자리(Piscis Austrinus / PsA)

가을의 남쪽 하늘에는 눈에 띄는 별들이 거의 없습니다. 하지만 저 멀리 남쪽 지평선 바로 위로 밝은 1등성 하나가 붉은색을 띤 빛으로 외롭게 반짝이는 것을 볼 수 있죠. 이것이 바로 남쪽물고기자리의 알파별인 포말하우트랍니다.

이 별의 주위에 4등성의 별들이 몇 개 무리지어 모여 있는 것이 보이는데, 전체적인 모습이 물고기를 연상시키죠. 게다가 이 별자리 위쪽에 물병자리가 있기 때문에, 마치 물병자리 아래에서 물을 받아 마시는 형태를 하고 있죠. '물고기의 입'이란 뜻을 가진 1등성 포말하우트는 이름 그대로 물

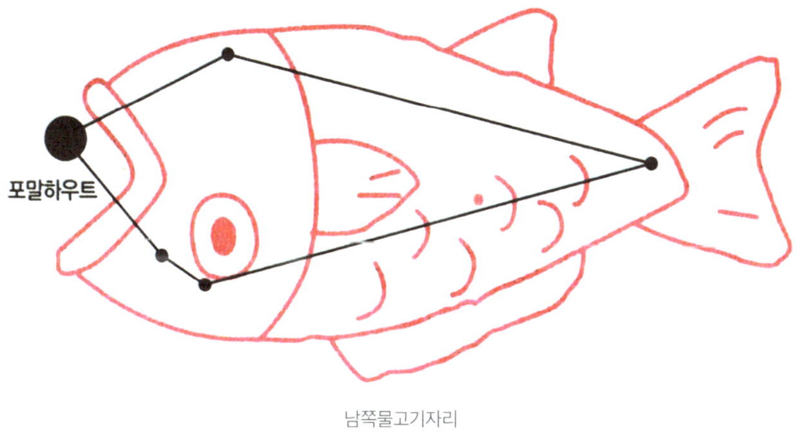

남쪽물고기자리

고기의 입에 해당하죠.

어떻게 찾을까요? 남쪽 하늘 나지막한 곳에서 붉게 빛나는 포말하우트는 가을의 대표적 별입니다. 게다가 주위에 밝은 별들이 워낙 없다 보니, 1등성 포말하우트를 찾는 것은 정말 쉬워요. 남쪽물고기자리를 찾는 데도 페가수스의 가을의 사각형이 훌륭한 길잡이가 되어 줍니다. 사각형의 서쪽 베타별과 알파별을 이은 선을 남쪽으로 3배쯤 연장하면 밝은 1등성 하나와 만나게 되죠. 바로 남쪽물고기의 입인 포말하우트랍니다.

남쪽물고기자리의 별들 알파별 포말하우트는 쓸쓸한 가을 밤하늘의 등대와 같은 별로서, 서양에서는 이 별을 가리켜 '외로운 별'이라고 부르기도 하죠. 이 별은 부근에서 가장 밝은 1등성으로, 다른 대부분의 별들이 매우 희미하기 때문에 유일한 별처럼 보이죠.

이 별은 사실 흰색 별이지만, 지평선 가까운 곳의 두터운 대기를 통과하다 보니 우리나라에서는 약간 붉은빛을 띤 것처럼 보이죠. 거리는 23광년입니다.

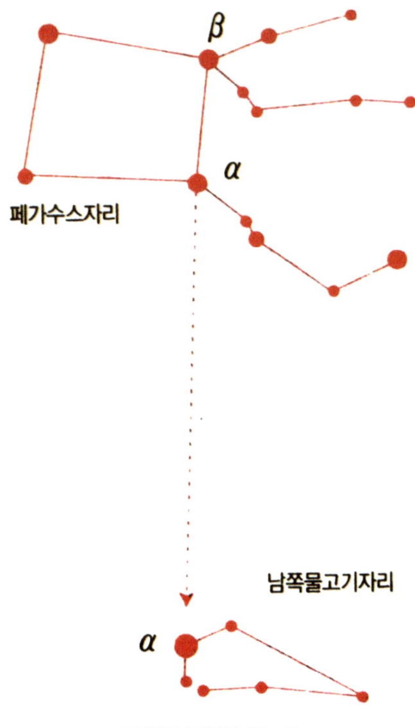

남쪽물고기자리 찾는 법

42. 겨울 밤하늘의 유명한 별자리

천마 페가수스를 비롯하여 가을의 밤하늘을 수놓은 가을철의 별자리들이 서쪽 하늘로 기울어갈 무렵이면, 1년 중에도 가장 멋진 겨울철의 별자리들이 밤하늘에 떠오릅니다.

겨울밤에는 밝은 별들이 많아, 검은 하늘에 마치 보석을 흩뿌려 놓은 듯이 화려한 느낌을 주죠. 겨울철의 별자리 중에서 대표적인 것은 단연 오리온자리랍니다.

오리온자리는 한 줄로 늘어선 3개의 별을 중심으로 하여, 북쪽에는 베텔게우스, 남쪽에는 리겔이 빛나고 있어 누구나 쉽사리 찾을 수 있죠. 오리온자리는 겨울철의 별자리를 찾는 데에 길잡이가 되어 주는 아주 중요한 별자리이기도 하죠.

오리온자리의 삼형제별을 잇는 선을 위쪽으로 끌고 가면 황소자리의 1등성 알데바란과 만나게 되고, 다시 더 나아가면 아름다운 별들이 모여 있는 플레이아데스성단(좀생이)에 이릅니다.

이번에는 세 별의 아래쪽으로 비스듬히 선을 이어 가면, 온 하늘에서 가

장 밝은 별이라고 할 수 있는 시리우스를 만날 수 있죠. 이 시리우스와 베텔게우스 그리고 작은개자리의 1등성 프로키온으로 이루어지는 커다란 정삼각형이 겨울의 대삼각형이랍니다. 또한 오리온자리의 아름다운 핑크색의 오리온 대성운 M42와 말머리성운, 외뿔소자리의 장미성운 등도 놓칠 수 없는 볼거리죠.

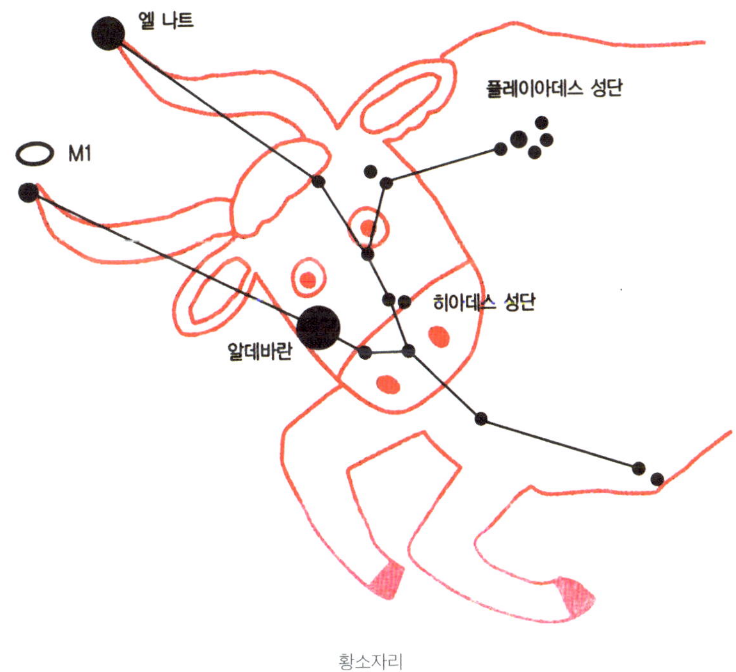

황소자리

1. 황소자리(Taurus / Tau)

찬바람이 부는 1월 말에 밤하늘 한가운데를 올려다보면, V자형을 이루는 별의 무리와 함께 그 근처에 작은 별들이 옹기종기 모여 있는 광경을 볼 수 있답니다. V자를 한 것이 황소의 머리에 해당하는 히아데스성단이며, 별이 여러 개 옹기종기 모여 있는 것이 황소의 어깨에 해당하는 플레이아데스성단이죠.

히아데스성단은 V자형이 가로로 누운 꼴을 하고 있는데, 그 뒷머리에는 1등성 알데바란을 포함하고 있죠. 황소자리는 오리온자리와 더불어 초겨울의 남쪽 하늘을 수놓는 대표적인 별자리일 뿐만 아니라, 그 안에 유명한 산개성단을 2개씩이나 갖고 있어 볼거리가 많은 별자리랍니다.

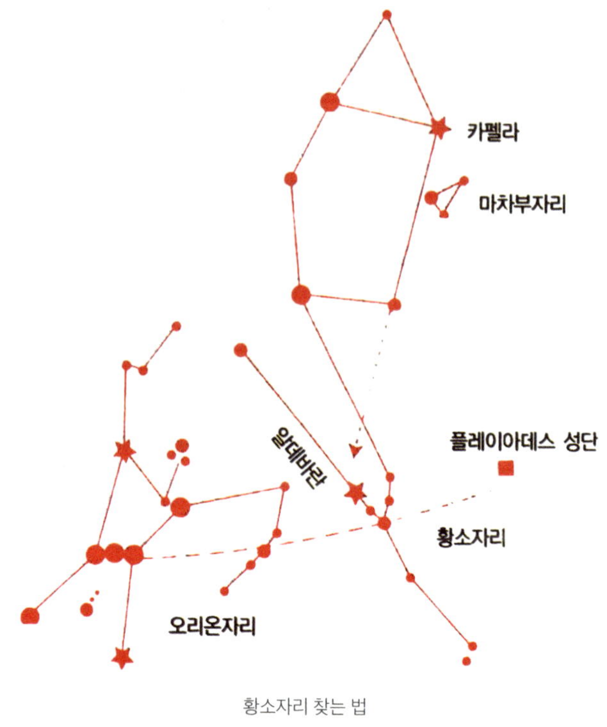

황소자리 찾는 법

어떻게 찾을까요? 이 별자리를 찾는 데는 오리온자리가 훌륭한 길잡이죠. 오리온자리의 한가운데에 줄지은 삼형제별이 가리키는 방향으로 눈길을 주어 따라가면 황소자리의 1등성 알데바란을 찾을 수가 있고, 여기에서 더욱 북쪽으로 나아가면 플레이아데스성단에 이르죠. 알데바란은 밝은 1등성으로 붉은색을 띠고 있기 때문에 다른 별들과 쉽게 구별할 수 있어요.

황소자리의 별들 알파별은 황소의 눈이 있는 곳에서 반짝이는 1등성 알데바란입니다. 이 이름은 '뒤따라오는 자'란 뜻으로, 이런 이름이 붙은 것은 플레이아데스성단을 따라 나오듯이 이 별이 하늘에 떠오르기 때문이죠. 베타별은 황소의 뿔에서 반짝이는 1.7등급의 엘 나트인데, 이 별은 마차부자리의 오각형에서 한 꼭짓점을 겸하고 있답니다. 이 별자리에서 가장 멋진 구경거리는 말할 것도 없이 플레이아데스성단과 히아데스성단이죠.

플레이아데스성단은 410광년의 거리에 있으며, 푸르게 빛나는 젊은 별의 집단으로서 니무나 잘 알려져 있죠. 우리 조상들은 이 성단을 일킬어 '좀생이'라고 했죠. 쌍안경을 사용하면 시야 가득히 수많은 보석처럼 푸르게 빛나는 장관에 깜짝 놀랄 거예요. 플레이아데스성단 중에서 9개의 별들에는 이름이 붙어 있죠. 또 하나의 성단인 히아데스성단은 플레이아데스성단과는 정반대로 늙은 별들의 집단으로 알려져 있죠. 그래서 플레이아데스성단에 비교하면 그 모습이 좀 흐트러져 있는 듯이 보이죠. 거리는 140광년으로서, 산개성단 중에서는 그래도 지구에 가장 가까운 성단이죠. 쌍안경으로 관측하기에 알맞은 성단이랍니다.

황소자리에는 또 하나 놓쳐서는 안 될 구경거리가 있답니다. 황소의 남쪽 뿔끝에 자리한 제타(ζ)별 옆에 게성운으로 알려진 매우 유명한 가스 성운이 바로 그 주인공이죠. 게의 모습을 하고 있기 때문에 붙여진 이름인데, 이 성운은 서기 1054년 초신성이 폭발한 잔해라고 합니다. 지구상의 각 지역에서 다 그 초신성이 폭발하는 빛을 보았다고 역사책에서 전하고 있답니다.

별자리 내의 볼 만한 관측 대상

• M1 : 1054년 폭발한 초신성의 잔해. 게처럼 생겼다고 하여 '게성운'으로 불린다. 이 성운을 본 프랑스의 천문학자 메시에는 혜성과 닮았다고 생각해, 이를 계기로 유명한 〈메시에 목록〉을 만들었다. 그래서 'M1'이라는 이름이 붙었다.
• M45 : '7자매'라고 불리는 플레이아데스성단이다. 그 특유의 푸른빛 때문에 많은 사람들의 사랑을 받고 있다. 육안으로도 별들이 6~8개가 모여 있음이 확인된다.

2. 오리온자리(Orion / Ori)

   겨울철의 밤하늘을 아름답게 수놓는 별자리 중 가장 멋지고 기품 있는 왕자 별자리를 들라고 하면, 단연 오리온자리일 거예요. 1등성 2개와 2등성 2개로 사각형을 이루고, 그 가운데 3개의 2등성(삼형제별)이 같은 간격으로 한 줄로 늘어선 모습이야말로 정말로 화려하고 멋지죠.

   오리온자리의 모양을 자세히 보면 우리나라의 장고와 아주 닮았음을 알 수 있어요. 그래서 예전에는 이 별자리를 '장고(북)별'이라고 부르기도 했답니다. 또 어떻게 보면 하늘 높이 날고 있는 거대한 방패연같이도 보이죠.

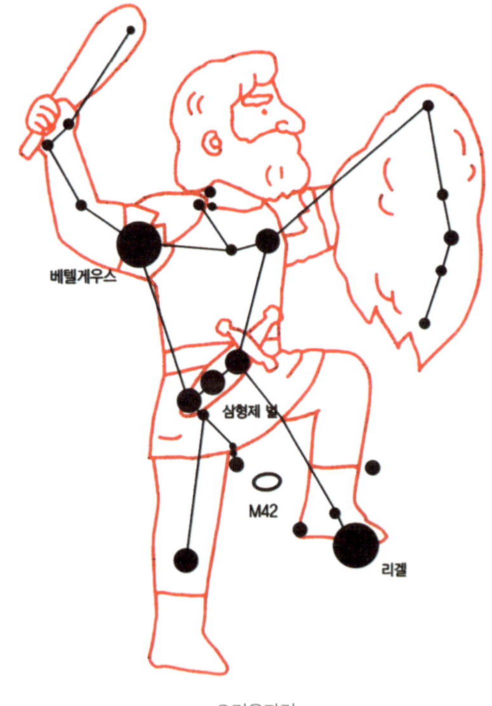

오리온자리

이 별자리에서 가장 유명한 것은 사냥꾼 오리온의 허리띠에 해당하는 '삼형제별'입니다.(이 별들은 '삼태성'이라고도 알려져 있지만, 잘못 알려진 것으로, 삼태성은 따로 있답니다.) 밝은 별들로 이루어진 오리온자리의 사각형은 사냥꾼의 몸통을 그리고 있으며, 1등성인 알파별 베텔게우스는 몽둥이를 높이 쳐든 오른팔의 겨드랑이께서 빛나고 있죠.

또 다른 1등성인 리겔은 오리온의 왼쪽 발목에 자리잡고 있으며, 오른쪽에 줄지어 있는 별들의 사슬은 황소의 공격을 막기 위한 방패를 나타내죠. 알파별의 위쪽에 몽둥이를 쳐들고 있는 오른팔은 5등성 정도의 어두운 별들로 이루어져 있어 주의해서 보지 않으면 알아내기가 쉽지 않답니다.

어떻게 찾을까요?　겨울의 가장 대표적인 별자리인 오리온은 우리나라의 밤하늘에서 볼 수 있는 60여 개의 별자리 중에서 1등성을 2개씩이나 가지고 있는 유일한

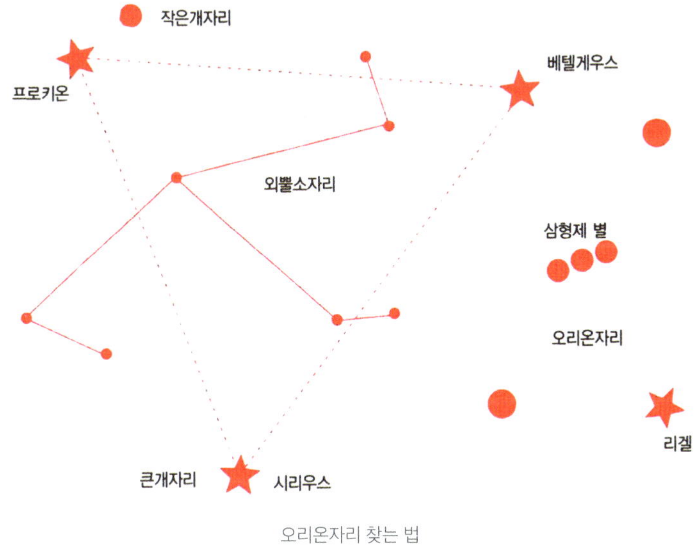

오리온자리 찾는 법

별자리랍니다.

오리온자리는 별 4개로 이루어지는 큰 사각형과 그 중간에 한 줄로 늘어선 2등성 3개의 별이 가장 큰 특징이죠. 2개의 1등성은 가운데의 삼형제별을 축으로 하여 대칭을 이루고 있기 때문에, 겨울의 남쪽 하늘에서 오리온을 찾는 것은 아주 쉽죠. 베텔게우스는 큰개자리의 시리우스, 작은개자리의 프로키온과 함께 겨울의 대삼각형을 만드는 별입니다. 이 별자리는 겨울의 다른 별자리를 찾는 데 길잡이가 되기 때문에 분명히 알아둡시다.

오리온자리의 별들 알파별은 붉은색의 1등성 베텔게우스입니다. 이 별은 '거인의 겨드랑이'란 뜻을 지니고 있죠. 놀랍게도 이 별은 지름이 무려 태양 지름의 900배가량이나 되는 엄청난 크기랍니다.

그런데 이 별은 2,070일을 주기로 0.4등급에서 1.3등급까지 밝기가 변하죠. 천문학자들은 머지않아 이 별이 폭발할 거라 해요. 초신성 폭발이라 하죠. 그러면 지구에는 한 보름쯤 밤이 낮처럼 밝을 거라 하네요. 온 은하가 내는 빛보다 많은 빛을 뿜어낼 거랍니다. 엄청난 일이죠. 언제 터질지는 아무도 모르죠. 오늘 내일 터질 수도 있고 몇만 년 후에 터질 수도 있대요. 하지만 거리는 640광년이나 되어 지구에 큰 영향은 없을 거라 하니, 불안해할 필요는 없을 듯하네요.

어쨌든 별지기들은 겨울에 오리온자리만 보면 맨 먼저 베텔게우스가 아직 그 자리에 있나부터 살핀답니다. 혹 모를 일이잖아요. 내가 보는 그 순간에 터질는지도 말예요. 만약 그렇다면 얼마나 장관이겠어요. 인류 중 극소수만이 초신성이 터지는 장관을 봤답니다.

만약 베텔게우스가 여러분이 보는 그 순간에 터졌다면 그것은 사실 640년 전에 터진 거죠. 빛이 오는 데 그만한 시간이 걸리니까요. 640년 전이라면 이성계가 위화도에서 군대를 돌려 고려를 멸망시키려 할 때쯤 되죠.

베타별은 청백색의 0.2등급인 리겔로, '거인의 왼쪽다리'라는 뜻을 가지고 있는데, 이름 그대로 오리온의 왼발께에서 반짝이고 있죠. 이 별은 여러 모로 베텔게우스와는 반대랍니다. 태양보다 3만 배나 밝은 아주 젊고 뜨거운 별로서, 기리는 900광년이랍니다. 오리온의 왼쪽어깨에서 반짝이는 별은 2등성의 벨라트릭스입니다. 이 별은 오리온 사각형의 서쪽 위 꼭짓점에 있는 별이죠.

오리온의 허리띠에 해당하는 삼형제별은 민타카(띠), 알닐람(진주의 실), 알니탁(띠)이며, 모두 푸른색의 2등성이죠. 이들은 거의 하늘의 적도 위에 위치하기 때문에 정동쪽에서 떠서 정서쪽으로 가라앉아요.

오리온자리에서 가장 흥미로운 구경거리는 삼형제별 밑에 있는 'M42'로 불리는 오리온 대성운이죠. 맨눈으로 봐도 희미한 빛살이 보일 만큼 밝은 이 성운은 쌍안경을 이용하면 펼쳐진 나비의 날개처럼 아름다운 모습을 또렷이 볼 수 있답니다.

M42의 성운이 가장 짙은 곳에 망원경으로는 트라페지움이라고 불리는 창백한 4개의 별이 보이는데, 이것이 M42의 중심으로서, 지금도 여기에서 아기별들이 탄생하고 있답니다. 거리는 약 1,600광년입니다.

삼형제별의 왼쪽 끝에 있는 알니탁 별의 바로 남쪽에는 유명한 말머리성운이 있죠. 이름 그대로 말의 머리와 꼭 닮은꼴인 암흑성운으로, 뒤에 밝은 가스성운을 두고 있어 자신은 어둡게 보이는 거죠. 거리는 1,500광년이며, 사진에서는 비교적 잘 나오지만, 맨눈으로는 잘 보이지 않아요.

• M42 : 유명한 오리온 대성운. 성운의 중심부에 4개의 별이 모여 있는 트라페지움이 있다. 맨눈으로도 잘 보이며, 망원경으로는 놀랄 만큼 성운의 세부들이 잘 보인다. 바로 위에 작은 성운인 M43이 있으며, 이 둘 사이에는 암흑성운이 가로놓여 있다.

• β Ori : 오리온자리에 있는 대표적인 이중성. 주성이 매우 밝고 바로 옆에 9초각 정도 떨어진 6등급대의 동반성이 어두워 잘 눈에 띄지 않지만 망원경에서는 매우 예쁘게 보인다. 하얀 별의 색깔이 눈이 시리도록 감동을 준다.

3. 마차부자리(Auriga / Aur)

눈이 내리는 겨울이 시작되면 밤하늘에는 화려한 별들의 경연이 펼쳐집니다. 겨울은 단연 1등성의 계절이죠. 그만큼 밝은 별들이 여러 별자리에

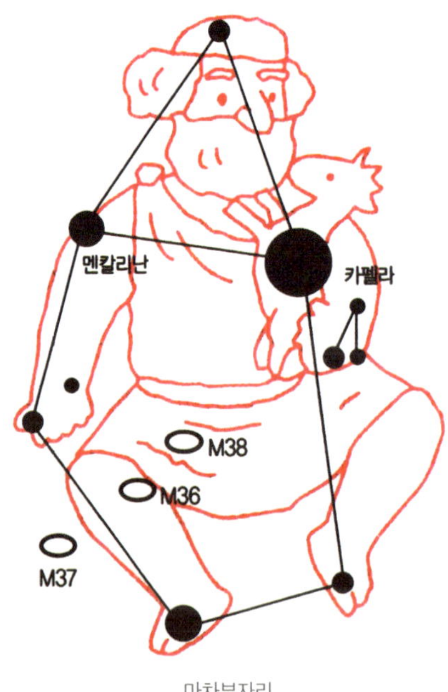

마차부자리

포함되어 있답니다. 또 은하수가 머리 위에서부터 하늘을 가로질러 남쪽으로 흘러갑니다. 그 모습은 여름철만큼 뚜렷하지는 않지만, 매우 멋진 광경을 연출해 주죠. 머리 위를 흐르는 은하수가 페르세우스자리를 지나 그 절정을 이루는 곳에 5개의 별들로 이루어진 커다란 오각형이 눈에 띄입니다. 바로 마차부자리입니다.

마차부자리의 별 5개는 눈에 잘 띄기 때문에 예로부터 오각성, 다섯별 등으로 불렸는데, 중국에서는 오차(五車)라고 부른답니다. 이 별자리를 옛날 서양이나 동양이 다 같이 '차(車)'로 본 것이 재미있죠?

이 별자리의 알파별은 '카펠라'라는 이름을 가지고 있는 1등성이며, 그 아래쪽의 작은 삼각형이 마차부가 안고 있는 염소를 나타내고, 그 반대편의 희미한 별은 마차부가 들고 있는 채찍에 해당하죠. 그리고 오각형 위쪽의 별은 마차부의 머리에서 빛나고 있죠.

어떻게 찾을까요?   마차부자리의 알파별 카펠라는 밝은 별 중에서는 북극성에 가장 가까이 있는 별이기 때문에 쉽게 찾을 수 있어요.

이 별자리를 찾는 데에 보다 확실한 방법은 북두칠성을 길잡이로 삼는 거죠. 즉, 북두칠성의 국자 모양으로 생긴 4개의 별 중에서 위쪽의 두 별을 잇는 선을 5배 정도 연장해 보면 카펠라와 만나게 되요. 카펠라만 찾는다면 마차부자리의 오각형을 찾는 것은 문제도 되지 않죠.

마차부자리의 별들   알파별은 밝은 1등성인 카펠라로서, '새끼염소'란 뜻을 지니고 있답니다. 마차부가 안고 있는 염소에서 반짝이죠. 이 별은 밤하늘의 모든 1등성 중

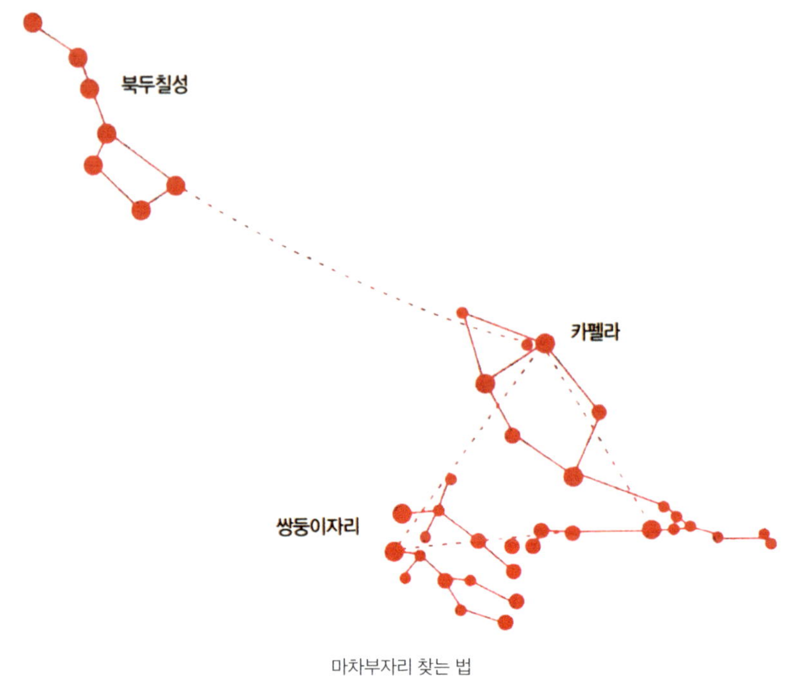

마차부자리 찾는 법

에서 하늘의 북극에 가장 가까운 별이랍니다. 그래서 우리나라에서는 거의 1년 내내 볼 수가 있죠. 즉, 가장 오랜 시간 동안 보이는 1등성이죠.

태양과 비슷한 노란색의 별인 카펠라는 쌍성으로서, 태양 질량의 2.8배나 되는 0.9등성과, 2.5배나 되는 1.0등성이 104일을 주기로 궤도 운동을 하고 있답니다.

오각형의 맨 꼭대기에 있는 2등급의 멘칼리난은 3.96일을 주기로 하여 2.07등급에서 2.16등급까지 조금씩 밝기가 변하는 변광성이죠. 마차부자리에서 가장 놀라운 별은 '알마즈'라고 하는 4등급의 엡실론(ε)별입니다. 이 별은 약 27년이라는 긴 주기로 3.6등급에서 4.5등급까지 변광하는 식변광성인데, 그 크기가 태양 지름의 300배나 되는 엄청난 초거성이랍니다.

마차부자리를 자세히 살펴보면 은하수가 한가운데를 지나갑니다. 그 은하수 곳곳에 별들이 뭉쳐진 듯한 느낌을 받는 곳이 있죠. 맨눈으로 뚜렷하지는 않지만, 작은 망원경에는 수백 개의 별들이 뭉쳐진 모양을 볼 수 있답니다. 즉, M36, M37, M38로 불리는 성단이 바로 그들인데, 그 가운데에 M36과 M38은 오각형의 한가운데 있죠. M37은 오각형 바로 밖에 위치한 산개성단으로 그 별의 수가 특히 많답니다. 망원경으로 보면 보석을 뿌려놓은 듯이 반짝이는 성단의 아름다움을 결코 잊지 못할 거예요.

• M37 : 은하수가 한가운데를 통과하고 있는 마차부자리에는 밝은 산개성단들이 줄지어 있다. 그중 가장 크고 별의 수가 많은 것이 바로 M37성단이다. 망원경으로 보면 보석처럼 무수히 흩어진 별들의 경연을 볼 수 있다.

4. 큰개자리(Canis Major / CMa)

겨울철 남쪽 하늘을 보면 유달리 반짝이는 별 하나가 눈에 띕니다. 그 별빛은 너무나 밝아서 하늘에 있는 다른 별들을 압도하고도 남음이 있죠. 이 별이 바로 큰개자리의 알파별 시리우스랍니다.

큰개자리에 대해 얘기하려면 무엇보다 먼저 알파별 시리우스를 앞세우지 않을 수 없죠. 시리우스는 하늘에서 태양 다음으로 가장 밝고 찬란한 -1.5등성으로서, 그야말로 별 중의 별이기 때문이죠.

늑대 눈처럼 시퍼렇게 보이는 시리우스는 사실 쌍성으로, 그 중 밝은 별은 태양보다 23배 더 밝죠. 별은 생각보다 사교적이랍니다. 하늘에 떠 있는 별의 반 가량이 쌍성인 걸 보면 그런 것 같아요.

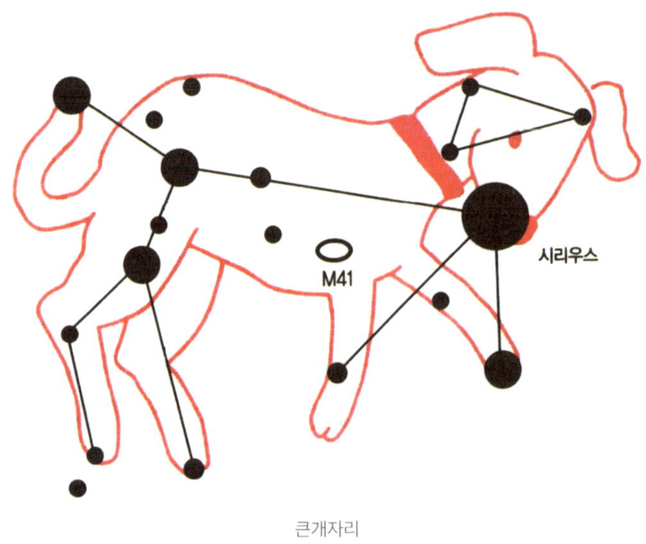

큰개자리

어떻게 찾을까요?   큰개자리는 시리우스 외에도 2등성의 밝은 별을 4개나 가지고 있어 눈에 잘 띄는 별자리죠.

시리우스는 겨울의 대삼각형을 이루는 한 꼭짓점의 별이기 때문에 쉽게 찾을 수 있는 별자리죠. 하늘에서 가장 밝은 별이라는 사실도 시리우스를 찾는 데 큰 도움을 줍니다. 시리우스 덕분에 큰개자리는 별다른 요령 없이도 남쪽 하늘에서 쉽게 찾을 수 있지만, 오리온자리의 삼형제별을 길잡이 삼아 찾는 법을 하나만 익혀 두도록 하죠.

삼형제별을 잇는 직선을 남쪽으로 비스듬히 연장해 보면, 거기에는 온 하늘에서 가장 밝고 아름다운 시리우스가 틀림없이 눈에 들어올 거예요. 시리우스는 큰개의 콧등 부근에서 반짝이고 있죠. 2개의 4등성인 감마별과 시타별로 이루어진 삼각형은 큰개의 머리를 그리고 있죠. 그리고 그 아래에서 큰개의 꼬리 끝에 해당하는 3개의 2등성이 만들고 있는 삼각형을 발견하면 큰 개의 윤곽을 쉽게 찾을 수가 있답니다.

  아빠와 함께 보는 밤하늘 교과서

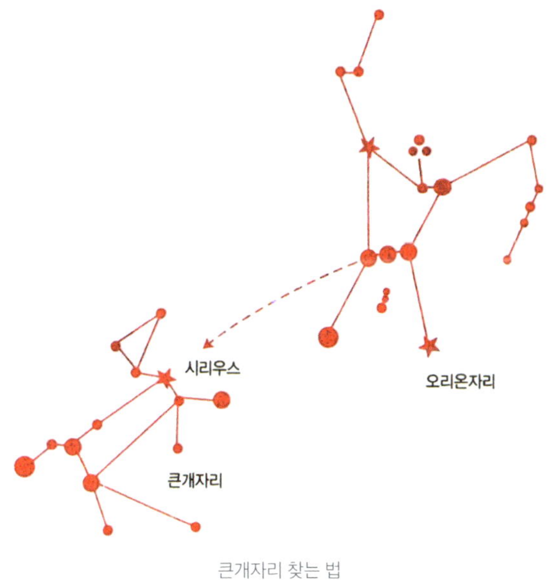

큰개자리 찾는 법

큰개자리의 별들　알파별 시리우스는 옛날부터 사람들에게 친숙한 별로서, 고대 이집트에서는 신으로 받들어졌답니다. 해 뜨기 전 시리우스가 동쪽 하늘에서 올라올 무렵이면, 나일강의 홍수가 시작되므로, 이 별을 중요하게 생각하고 아누비스 신으로 모셨대요. 그리고 그들은 이 별이 떠오르는 날을 1월 1일로 하는 태양력을 만들었답니다.

시리우스는 온 하늘에서 가장 밝은 별이긴 하지만, 실제로는 그리 특별한 별이 아니랍니다. 시리우스가 밝은 이유는 무엇보다 지구로부터 8.7광년이라는 아주 가까운 거리에 있기 때문이죠.

실제로 시리우스는 밝기가 태양의 48배이며, 질량과 지름은 태양에 비해 각각 2.3배, 1.8배랍니다. 즉, 태양보다 조금 더 크고 밝긴 하지만, 별들의 세상에서 보면 그야말로 평범한 별이죠.

큰개자리의 베타별인 2등성 무르짐은 큰개의 앞발에 붙어 있죠. 시리우스의 아래쪽에 있는 큰개의 가슴께에는 작은 망원경으로도 잘 보이는 산개성단이 있답니다. 'M41'로 불리는 이 산개성단은 하늘이 맑으면 맨눈으로도 희미하게 볼 수 있으며, 쌍안경을 사용하면 산개성단임을 뚜렷이 알 수 있죠.

별자리 내의 볼 만한 관측 대상

• M41 : 큰개자리에 있는 밝은 산개성단. 밝은 별 시리우스에서 약간 남쪽에 위치해 있기 때문에 찾기가 매우 쉽다. 망원경으로 보면 수백 개의 별들이 십자가 형태로 늘어서 있는 것처럼 보인다.

• α CMa : 밤하늘의 가장 밝은 별인 시리우스는 망원경에서도 대단히 흥미로운 대상이다. 이 별의 바로 옆에는 희미한 반성이 하나 붙어 있다. 오래 전부터 망원경의 성능을 테스트할 때 이 시리우스를 많이 사용했다고 한다.

5. 작은개자리(Canis Minor / CMi)

겨울 밤하늘에는 다른 계절에 비해 유달리 밝은 1등성이 많아, 추운 겨울 밤하늘을 화려하게 수놓고 있답니다. 오리온자리 부근의 은하수 동쪽에서

작은개자리

외롭게 반짝이는 1등성 하나가 특히 눈에 띕니다. 이 별이 바로 작은개자리에 속해 있는 '프로키온'이라는 별이죠. 겨울철 밤하늘의 1등성 중에서는 쌍둥이자리의 폴룩스와 함께 가장 동쪽에 있는 별이랍니다.

　작은개자리는 큰개자리의 1등성 시리우스보다 먼저 동쪽 하늘에 떠오르기 때문에, 예로부터 이 별을 중요하게 생각하여 큰개자리에 대해 작은개자리라고 이름지었죠. 작은개자리의 1등성 프로키온은 오리온자리의 베텔게우스, 큰개자리의 시리우스와 함께 겨울의 대삼각형을 이루고 있는 중요한 별이죠.

어떻게 찾을까요?　작은개자리는 오리온의 왼쪽, 쌍둥이자리의 아래쪽에 자리잡고 있죠. 주위에 밝은 별이라고는 3등성 하나뿐이므로, 작은개자리의 1등성 프로키

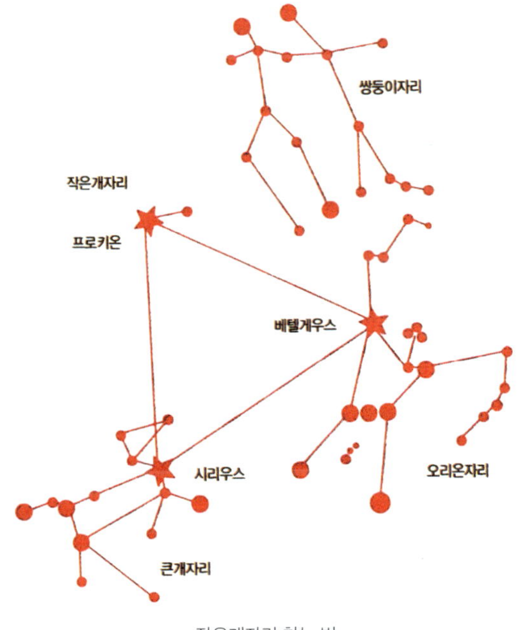

작은개자리 찾는 법

온을 찾는 일은 아주 쉬워요. 작은개자리에는 밝은 별이라고는 이 프로키온과 바로 옆에 있는 별 하나밖에 없답니다. 단지 별 2개만을 가지고 작은개를 연상하기란 쉽지 않지만, 주변에 있는 오리온자리와 큰개자리를 연결지어 신화 속의 옛얘기에 잠겨 보면 작은 개라는 얘기도 그럴듯하게 느껴진답니다.

작은개자리의 별들　알파별은 0.4등급의 프로키온(개에 앞서가는 것)으로서, 거리는 11.5광년이며, 시리우스와 마찬가지로 지구만 한 크기의 동반성을 거느리고 있죠. 이 별은 겨울의 대삼각형을 이루는 3개의 1등성 중 하나랍니다. 다음으로 밝은 별은 프로키온의 옆에 있는 3등급인 별은 '눈물 젖은 눈동자'란 뜻을 지닌 '고메이사'란 별이죠. 정말 아름다운 이름이죠? 작은개자리의 나머지 별들은 어두운 별들이어서 잘 눈에 띄지 않는답니다.

6. 쌍둥이자리(Gemini / Gem)

늦겨울의 매서운 추위가 한풀 꺾일 때쯤이면 겨울의 화려한 별들이 서쪽으로 넘어갈 채비를 합니다. 이즈음 우리의 머리 위에는 다정한 형제간의 우애를 상징하는 별자리 하나가 하늘 높이 떠서 우리를 굽어보죠. 바로 쌍둥이자리죠. 태양이 이 별자리에 들면 하지 무렵이 된답니다.

1.6등급과 1.2등급의 밝은 두 쌍둥이 별이 어깨를 나란히 반짝이는 모습은 더없이 다정한 형제처럼 느껴지죠. 이 별들이 바로 황도의 세 번째 별자리인 쌍둥이자리의 카스토르와 폴룩스랍니다.

쌍둥이자리는 이 2개의 별로부터 오리온자리의 베텔게우스가 있는 방향으로 이어지는 두 줄의 별무리로 두 사람의 몸통을 그리고 있죠. 누가 보더라도 쌍둥이라는 이름이 어울리는 별자리임을 알 수 있답니다.

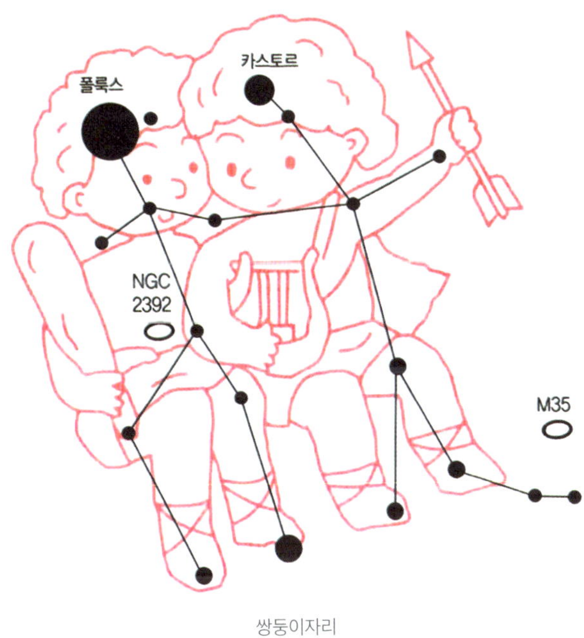

쌍둥이자리

어떻게 찾을까요?　쌍둥이자리는 밝은 별 2개가 나란히 있을 뿐만 아니라, 모양이 독특해서 쉽게 눈에 띄는 별자리입니다. 이 별자리를 찾는 데는 몇 가지 방법이 있지만, 오리온자리의 베텔게우스와 작은개자리의 프로키온을 이용하는 것이 제일 간단해요.

두 별을 잇는 선을 밑변으로 하는 직각 이등변 삼각형을 그릴 때, 위의 꼭짓점이 되는 것이 바로 쌍둥이자리의 동생 별 폴룩스이기 때문이죠. 또 다른 방법은 오리온자리의 리겔과 베텔게우스를 잇는 선을 2배 가량 연장하면 카스토르와 폴룩스를 만나게 되죠.

쌍둥이자리의 별들　쌍둥이자리에는 많은 별들이 있지만 그중 관심을 끄는 것은 '쌍둥이'라고 이름이 불리게 된 두 별이랍니다. 별자리의 이름은 밝은 순서대로 알

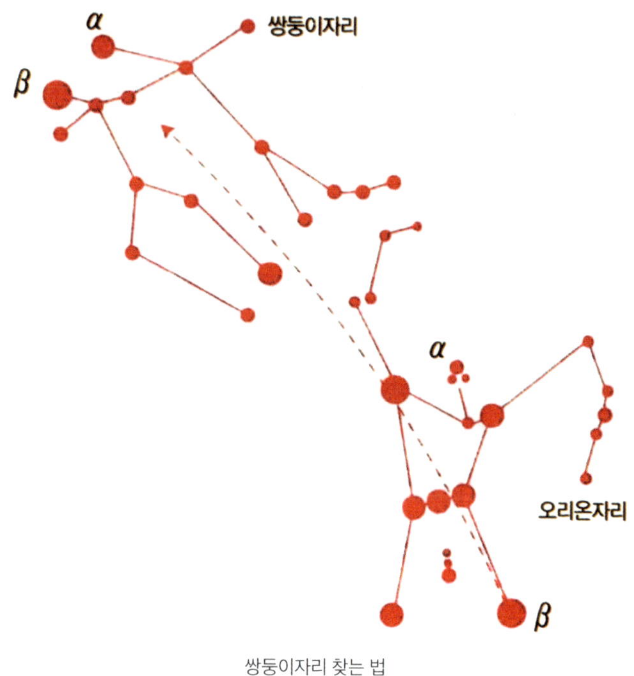

쌍둥이자리 찾는 법

파(α), 베타(β), 감마(γ)로 정하는데, 쌍둥이자리는 베타별인 폴룩스가 알파별인 카스토르보다 밝답니다. 그 이유는 처음 별자리에 별 이름을 붙일 당시에는 카스토르가 폴룩스보다 밝았기 때문이래요. 형별인 카스토르는 흰색의 2등성으로 44광년 자리에 있는데, 굉장히 복잡한 별로 알려져 있어요. 어떻게, 또 얼마나 복잡한지 한번 살펴보기로 하죠.

먼저 맑게 갠 밤에 60mm급의 망원경으로 카스토르를 보면 2.0등급과 2.8등급의 두 별이 서로 붙어 있는 것을 알 수 있답니다. 말하자면, 이 별은 쌍성인 셈이죠. 그런데 두 별에는 또 하나씩의 별이 달려 있어 9.21일과 2.93일을 주기로 서로 돌고 있어요. 그뿐 아니라, 더욱 놀라운 것은 이 별에서 73초각 떨어져 있는 곳에 주기 0.81일로 91등급부터 9.7등급까지 변광하는 쌍둥이자리 Y별이 붙어 있다는 사실이랍니다. 즉, 카스토르는 6중 쌍성계를 이루고 있는 별인 거죠. 참으로 특이한 별이죠.

아우별은 1등급의 폴룩스로서, 적색거성으로 카스트로보다는 가까운 35광년 거리에 있답니다. 카스토르의 발 부근에는 'M35'라고 불리는 아름다운 산개성단이 있어요. 아주 맑은 빔에는 맨눈으로도 희미하게 보이지만, 구경 60mm 망원경을 갖다놓고 보면, 하나하나의 별이 마치 보석을 공중에다 흩뿌려 놓은 듯한 황홀한 광경을 보여주죠.

별자리 내의 볼 만한 관측 대상
• M35 : 쌍둥이의 발 부근에 수백 개의 별이 모여 있는 매우 밝은 산개성단이다. 겨울철의 대표적인 관측대상으로 겨울철 은하수에 있다.
• NGC 2392 : '에스키모 성운'이라고 이름지어진 행성상 성운. 망원경으로 보았을 때 에스키모인의 얼굴처럼 털모자에 싸여진 사람의 웃는 모습을 볼 수 있다. 밝기는 8등급 가량 된다.
• α Gem : 알파별인 카스토르는 작은 망원경으로 볼 수 있는 훌륭한 이중성이다. 2.0등급과 2.8등급의 밝은 두 별이 3초각 정도로 붙어 있는 모습은 환상적이다.

밤하늘의 아름다운 별과 별자리들을 보며, 우리가 살고 있는 우주를 사색하고, 우주와 나의 관계를 사색합시다. 아프리카의 성자 슈바이처 박사는 "사색하는 것을 포기하는 것은 정신적 파산 선고와 같은 것이다"고 말했답니다.

두 별 사이의 거리를 재어볼까요?

두 별 사이의 간격, 곧 위치 관계만 알면, 우리가 찾고자 하는 별을 쉽게 알 수 있답니다. 이러한 별 사이의 위치 관계를 나타내는 데에 '각거리'라는 단위를 쓰는데, 이것은 별과 별 사이의 간격을 우리 눈과 두 별이 이루는 각도로 표시하는 것입니다.

온 하늘은 180도로 나타내어지며, 지평선에서 천정까지는 90도가 됩니다. 그리고 1도는 60분(′)으로 나눠지며, 1분은 다시 60초(″)로 나누어집니다. 보통 별을 관측할 때는 팔을 뻗친 상태에서 손과 손가락을 써서 각의 치수를 어림합니다. 새끼손가락 하나면 2도, 가운데 세 손가락을 합치면 5도, 주먹은 10도, 손가락을 활짝 벌리면 20도가 됩니다.

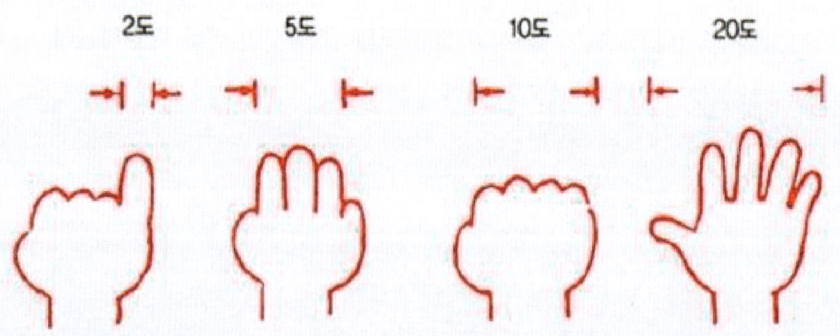